DOJIN
SENSHO

92

ゾウが教えてくれたこと

ゾウオロジーのすすめ

入江尚子 著

ゾウさんうんちペーパー

コラム①参照

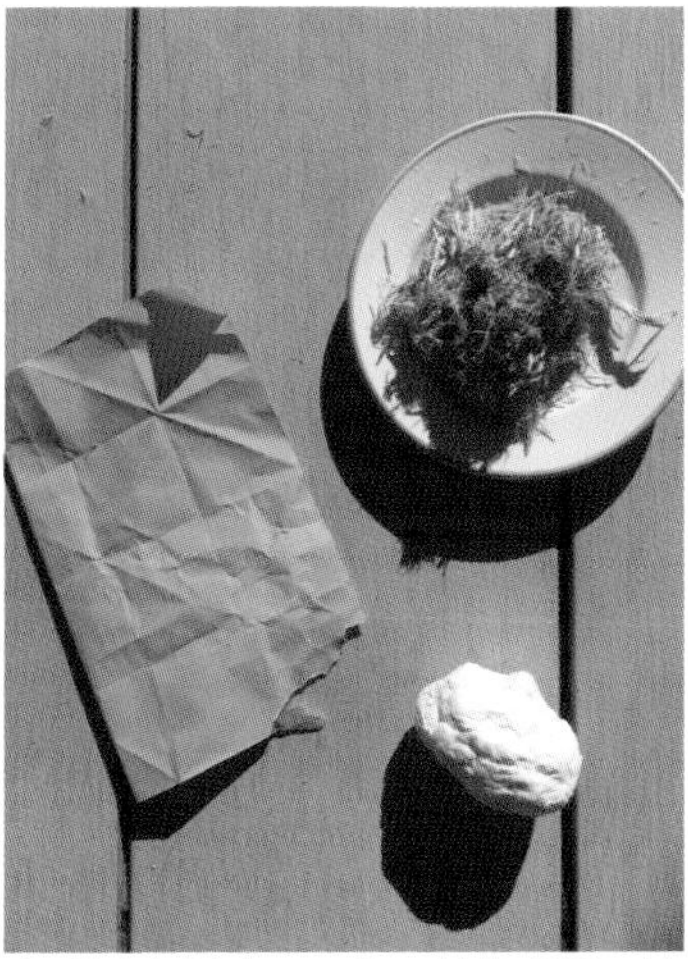

① ゾウさんうんちペーパーの材料。色紙、ゾウのうんち、牛乳パックのパルプ。

② 材料をボトルにいれてよくシェイク。

③ 水中で平らにならしたら、水から上げて乾燥させる。

④ 2、3日乾燥させれば、「ゾウさんうんちペーパー」の完成！

絵描きゾウの絵

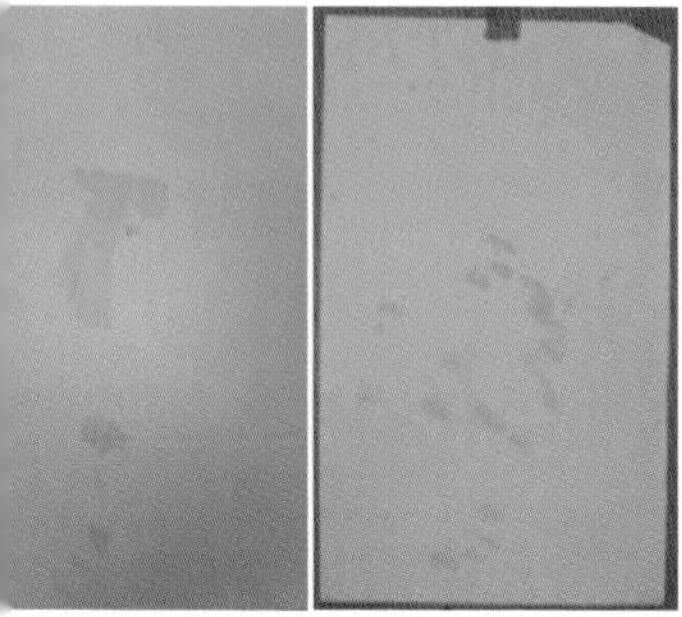

❷

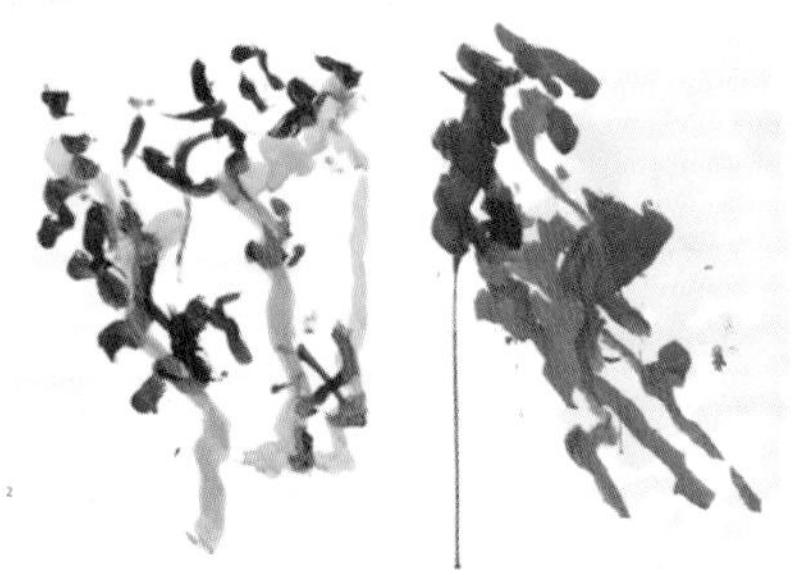

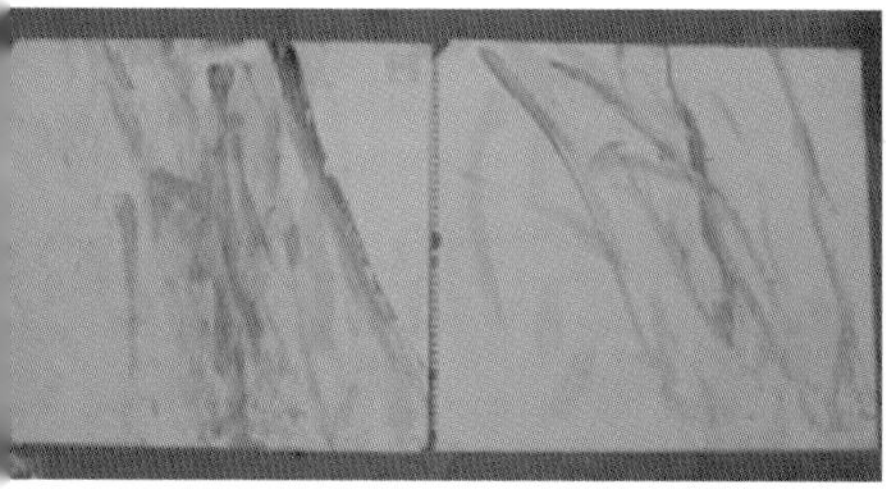

❹

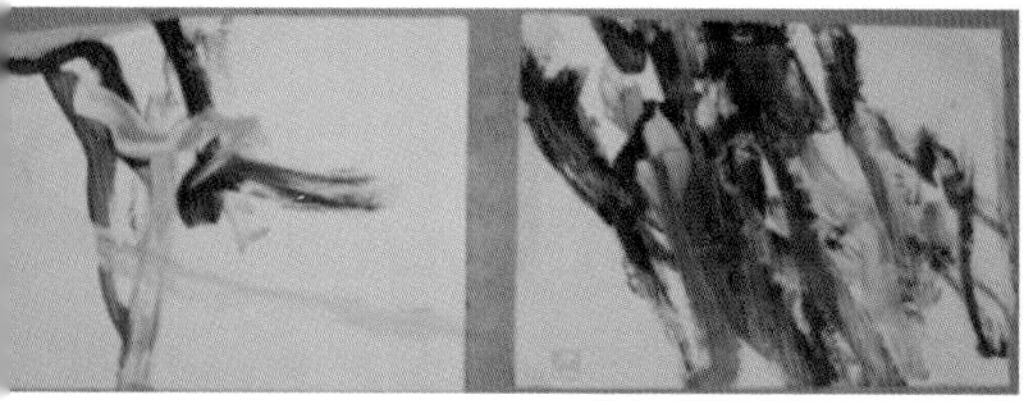

❻

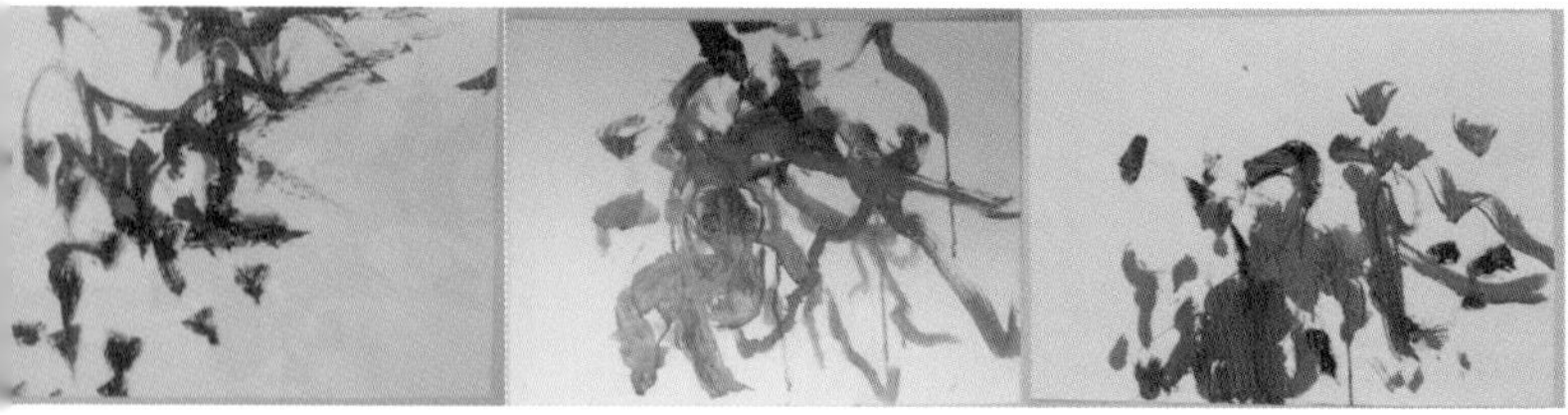

シュリーの初めての絵。シュリーの怖々とした気持ちが読み取れる。❷ シュリーのお花の絵。シュリーが慎重に
を運んだことが見て取れる。❸ チャメリーの初期の絵。鼻を上から下へ勢いよく振り下ろしてつけられたしるし。
ュリーとは違って、チャメリーの絵は大胆だ。❹ チャメリーが描いたおでこの絵。❺ チャメリーが生み出したいろ
ろなしるし。一見めちゃくちゃにつけられたように見えるが、そうではなく、チャメリーが自分が残したしるしを
ながら鼻先を器用に動かして描いていたことがわかる。❻ チャメリーの点。❼ チャメリーの作品。最終的に、
ャメリーの作品には、さまざまな形のしるしが組み合わされて描かれるようになった。第4章参照

はじめに

みなさんは、ゾウを知っていますか？

もちろん、ゾウなんて動物ぜんぜん知らない、あるいは写真ですら一度も見たことがないという方はいないでしょう。ではゾウが驚くべき知能を持っているという事実や、アジアゾウとアフリカゾウは、ヒトとチンパンジー以上に系統的に離れた動物だということはどうでしょう。

ゾウは絵本の登場人物として数多くの作品に登場し、かわいらしい雑貨のキャラクターにもなっているし、戦時中のかわいそうなゾウの話を聞いたことがある方も多いでしょう（まだという方は、ぜひ、絵本『かわいそうなぞう』（金の星社）をご一読ください。かくいう私は、あまりに悲惨な物語に、途中で胸が苦しくなって、最後までページをめくれた試しがないのですが」。そして日本人の多くにとって、かれらは誰もが知っている動物園の人気者です。日本の外でもやはりゾウは人気者です。オーストラリアのタロンガ動物園では、二〇一〇年、かわいらしい二頭の子ゾウが放飼場を走り回る愛くるしい姿が、来園者の注目の的となっていました。同じくオーストラリアのパース動物園では絵を描くゾウが人気者。そこのゾウは、飼育担当者といっしょに、園路をお散歩するのが日課でした。ゾウはのんびりとした動きと、長いまつげに垂れ目の優しいまなざし、おちゃめなしぐさで、誰もがかわいいと思うはずです。さらに、ゾウは人々から敬われてもきました。インドの神様ガネーシャはゾウがモデルだし、古くに考えられていた地球（球体ではなく平らだと思われていたころ）を下から支えていたのもゾウです。またいまでも、タイではゾウを神の使いや神の化身として祀《まつ》っています。考えられないほどの巨体を持ち、どこか神秘的な雰囲気を持つゾウに対し、どうやらヒトは古くから畏怖の念を持っていたように思います。

しかし〝ゾウ〟がどのような動物で、本来どのように野生で暮らしているのか、何を考え、何を感じて生きているのか、またどのように進化してきた動物なのかといったことは、広く知られていないように思います。科学の世界でも、私たち人間には聞こえない低い周波数の声で会話をしているということや、数覚に優れているということが新たに発見され、ゾウが注目を集め出したのは、つい最近のことです。

現在、ゾウは絶滅危惧種に指定されています。かつて地球上に広く生息していたゾウは、アフリカとアジアの一部に生息地を縮小させ、姿を消そうとしています。動物園で当然のように見ることのできたゾウが、もしかしたら近い将来の子供たちにとっては、伝説上の存在になってしまうかもしれないのです。

間近で見るとその巨体に圧倒されます。「ゴォー、ゴォー」という息吹を感じると、ゾウから見れば、自分はなんとちっぽけでか弱い小動物なのだろうと、思い知らされます。そんなゾウが、ヒトの驕《おご》りによって地球から姿を消そうとしていると思うと恐ろしく、また悲しい気持ちになります。ゾウは、人間の驕りを戒めるために、大自然が使わしたメッセンジャーのような存在なのではないでしょうか。ゾウを知り、ゾウから学ぶ――これを〝ゾウオロジー〟と呼ぶことにします。ゾウオロジーは、人間の生き方を探るうえでも、大きなヒントを与えてくれるはずです。

私はおもにゾウの知能を研究してきました。これまでの研究の結果、予想以上にかれらは豊かな心の世界を持ち、いろいろなことを考えながら生きていることがわかってきました。本文ではその知能研究を、ゾウに関するさまざまな新知見と併せて紹介していきたいと思います。ヒトは、ゾウと比べても決して何か特別な能力を持っているわけではないように思います。この本を通じて、ヒトが動物の世界の一員に過ぎないことを実感し、動物たちを尊敬して愛する気持ちを、よりいっそう深めてもらえたら幸いです。

ゾウが教えてくれたこと◉目次

第１章

ゾウという不思議な動物

ゾウの鼻パンチ!!
この一撃でカメラを買い替えるはめに……

ゾウを思い浮かべてみてください。どのような感想を持ちますか？「とにかく大きい」、「鼻が長いなぁ」、「毛がない！」……こういったところでしょうか。体の大きさと鼻の長さの感想については同感です。おとなのゾウは体高が三メートル以上、そして体重も三トンを超えます。陸上動物では最大で、その息づかいを間近で感じると、まるで大きな恐竜のようです。また、鼻についても、あれほど長い動物はほかにいません。しかし、毛については、ゾウからすれば「ヒトと似たようなものよ」といったところでしょう。人間の毛は、動物界全体を見渡してから客観的に見ると、どうにも奇抜なものです。局所的に伸ばした毛を、時にはパーマをかけたり、色を変えたり、細かく分け目にこだわってみたり。さらに、体毛は薄くてほとんど見えない程度の人が多いにも関わらず、〝ムダ毛〟処理してしまうこともあります。一方ゾウは、哺乳類全体の中では薄毛な部類に入りますが、全身に毛（はりがねのように極太の毛）が生えています。また、頭頂部には意外なほどに高い密度の毛が生えていて、個体差はありますが、ケナガマンモスを彷彿《ほうふつ》させるほどの毛量のアジアゾウも見たことがあります。

それにしても、ゾウは本当に変わった形の動物であることは確かです。外見がこんなにも特徴的な動物は、どのように形態を変化させてきたのでしょう？　いったいいつからあれほどに大きな体と長い鼻を持つようになったのでしょう？　それぞれの形態の適応的意義（生きていくうえで有利な理由）は何なのでしょうか？

この章ではまずゾウの祖先たちの様子を覗《のぞ》いてみることにします。そしてゾウの祖先の進化の過程を追って、さらに、現在地球に生きるゾウたちの体の秘密をご紹介します。

一　進化の過程——大きな体と長い鼻を獲得するまで

ゾウの祖先の七変化

ゾウは動物界脊椎動物門哺乳綱長鼻目《ちょうびもく》（*ordo Proboscidean*）に属します。長鼻目ははるか昔、約五〇〇〇万年以上前に顆節目《かせつもく》と分岐し、その後、さまざまな姿に変容しながら「ゾウ」になりました（図1－1）。長鼻目に属する動物は、約一六〇種類が化石として発見されています。ただし古代の長鼻目は、しばらくの間は「長鼻」とは名ばかりで、鼻は長くありま

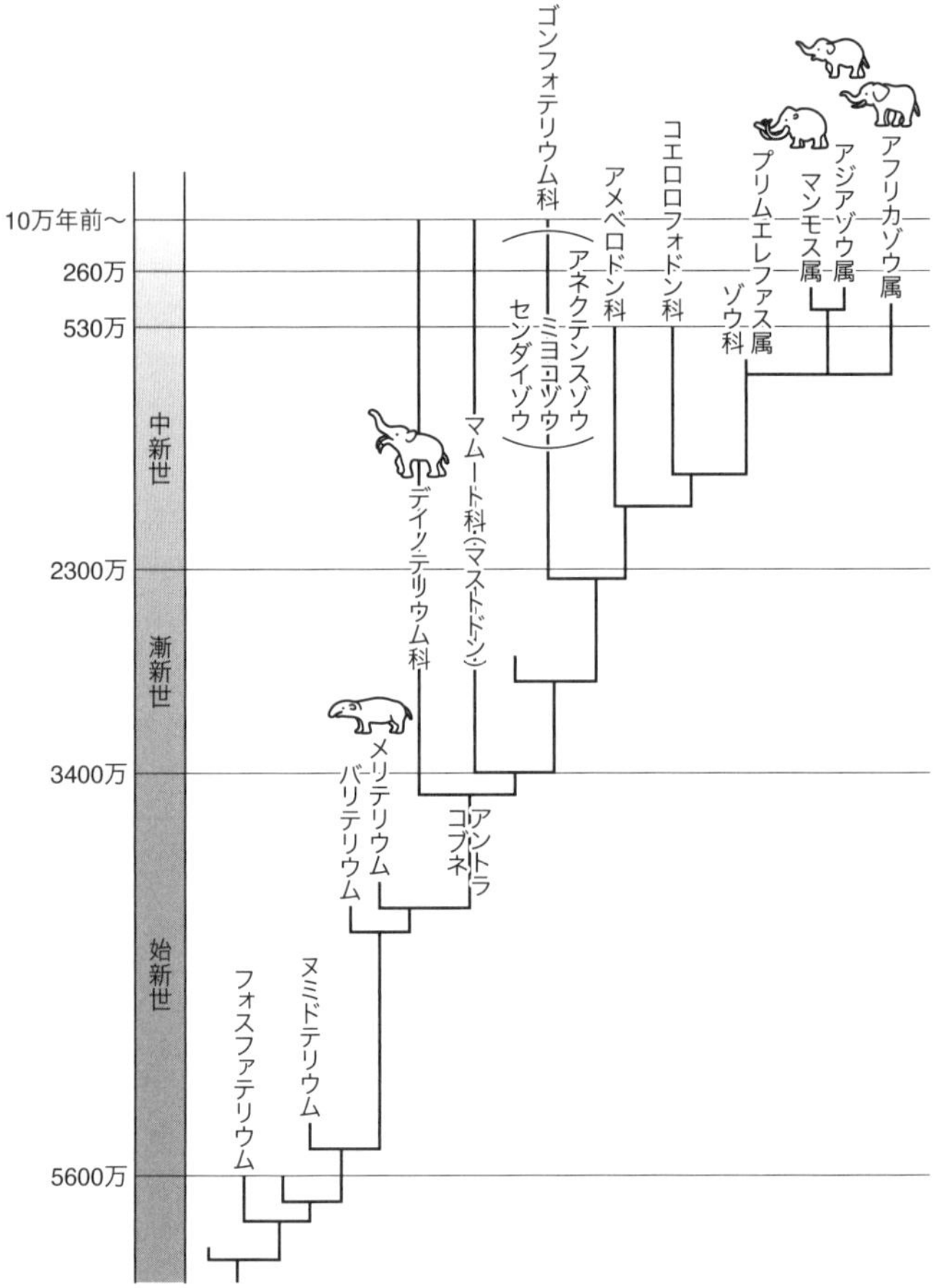
10万年前～
260万
530万
2300万
3400万
5600万
中新世
漸新世
始新世
ゴンフォテリウム科
（アネクテンスゾウ
ミヨコゾウ
センダイゾウ）
アメベロドン科
コエロロフォドン科
ゾウ科
プリムエレファス属
マンモス属
アジアゾウ属
アフリカゾウ属
デイノテリウム科
マムート科（マストドン）
メリテリウム
バリテリウム
アントラコブネ
ヌミドテリウム
フォスファテリウム

図 1-1　ゾウの系統樹

図 1–2　メリテリウム。ゾウの系統へとつながる昔の動物たちの姿は多様であった。メリテリウムは半水生の草食獣だったとされる。絵：福永年博氏

せんでした。たとえば最古の長鼻目は鼻の長くないフォスファテリウムです。現生ゾウに特徴的な牙もありませんでした。その後アフリカ大陸でヌミドテリウムやバリテリウム、メリテリウムが繁栄し、同じころインド亜大陸でアントラコブネが繁栄しました。ゾウの祖先としてはメリテリウムがしばしば挙げられますが、メリテリウムは直接の祖先というより長鼻目の側枝の一群であり、近年ではアントラコブネが現生の長鼻目の基幹的存在であるとする説が有力です。

ではここで、**図1－2**をご覧ください。まるでコビトカバのような動物。じつはこれが、メリテリウムです。メリテリウムは現在よりさかのぼること約四〇〇〇万年前に繁栄した長鼻目で、おもに森林に生息していました。短い鼻はバクのようです。体全体を見てみると、体長は三メートルもあるにも関わらず、肩高は七〇センチメートルほどし

かありません。つまり、コビトカバと肩高は同程度なのに、長さは倍近くあるので、ちょっとアンバランスな胴長の動物だったようです。そしてまさにコビトカバのように、半水生だったそうです。現生ゾウとは見た目も暮らし方も、まったく異なっていたのです。

最初に長い鼻を持った長鼻目は、ディノテリウム（約二五〇〇万年前）だと考えられています。ディノテリウムは現生ゾウと同じように長い鼻を持っていましたが、現生ゾウとは大きな違いがありました。それは、下の門歯が牙に発達していたことです。現生ゾウは上の門歯が牙となっていて、下には牙はありません。しかし、古代長鼻目の多くは、上下に四本の牙があったそうです。上の牙はおそらく現生ゾウと同様に、木を削る、自分の鼻をかけて休める、そして武器として使用するといった役割があり、一方、下の牙は、土を掘るのに用いたのだと考えられています。ちなみに、現生哺乳類の中で、もっとも長鼻目と近縁とされる動物は、海牛目（マナティやジュゴン）とハイラックス目（ケープハイラックスなど）とされ、とくにハイラックスとゾウは、四肢や歯の特徴がとてもよく似ています。動物園でケープハイラックスを見る機会があったら、ぜひ観察してみてください。活発に動き回る動物でもないので、静かにじっくり観察できます。のんびりとしたハイラックスたちがたっぷり日光浴をしてあくびをしたら、すかさずその門歯（前歯）を観察してみてください（図1－3）。

ハイラックスの門歯は、長く伸びて先がとがっています。その様子は、まるでゾウの牙とそっくりです。

さて、長鼻目の進化史に話を戻しましょう。長鼻目は中新世（二三〇〇万〜五三〇〇万年前）に最盛期を迎えました。このころには数十種類の長鼻目が地上を闊歩《かっぽ》していました。新しい造山運動により、テチス海が分断され、アフリカとヨーロッパが地つづきになったのをきっかけに、アフリカからヨーロッパ、そしてアジアへと分布域が拡大されたのです。

このころゴンフォテリウム科がアジア、ヨーロッパ、アフリカ、北アメリカに広く分布し、日本にもアネクテンスゾウ、ミヨコゾウ、センダイゾウが生息していました。日本にもゾウのような大型哺乳類が生息していただなんて、いまからでは想像もつきません。しかし、このあとに登場するマンモス（ケナガマ

図 1-3　ハイラックス。タヌキのように見えるが、ハイラックスはゾウの親戚だ。たとえば、この門歯を見るとかれらが近縁だということ、さらに、ゾウの牙が門歯が伸びたものだということに、納得がいく。写真提供：村田浩一氏

ンモス）も日本に生息していました。日本からゾウが消えたのは、意外にも最近のことなのです。日本に野生のゾウが生息する様子をこの目で見てみたかったなぁと、残念でなりません。

現生ゾウの誕生

約八〇〇万年前に現生ゾウの直接の祖先となるプリムエレファスから、アジアゾウ系統とアフリカゾウ系統へと進化しました。そして約四〇〇万年前にアジアゾウ系統は現アジアゾウとマンモスに、そしてアフリカゾウ系統は現サバンナゾウと現マルミミゾウへと分岐しました。サバンナゾウとマルミミゾウを別種として扱うかどうかについては、マルミミゾウはサバンナゾウの亜種ではないかといった論争が長年ありました。しかし二〇〇六年の遺伝子解析の結果、別種であると決着がつきました。したがって現在生き延びている長鼻目は、アジアゾウ、サバンナゾウ、そしてマルミミゾウの三種であるとされています。それでは、現生ゾウの話をする前に、ロマンあふれるマンモスについて、くわしくご紹介しましょう。

氷河期の象徴：マンモス

「マンモス」と聞くと、冷たい氷の世界で生きる、毛むくじゃらで大きく曲がった牙を持つマンモス、つまりケナガマンモスを思い浮かべる方が多いのではないでしょうか。しかし、マンモス（*mammuthus*）にもさまざまな種類がいます。ここではマンモスの変遷をたどってみましょう。

マンモスの進化史

マンモスに分類される長鼻目の条件は、①頭頂部に一つのコブがあること、②牙がスパイラル状に曲がっていることが挙げられます。このような特徴を持った最古のマンモスは、約三〇〇万年前、エチオピアに生息した種 *Mammuthus subplanifrons* です。当時アフリカは熱帯気候で、「マンモス」から連想する氷の世界とはかけ離れた環境に暮らしていました。当時のアフリカには熱帯雨林が広がっていたのです。したがって、寒さから身を守る必要もなく、全身を覆う長い毛もまだありません。またかれらは、その歯の形状から木を主食としていたと考えられています。

それからマンモスは北アフリカで繁栄した種（*Mammuthus africanavus*）と中東・トルコ

を通って、ヨーロッパへと進出した種（*Mummuthus rumanus*）へと分岐しました。その後アフリカではマンモスは滅んでしまいます（約二〇〇万年前）。一方ヨーロッパへと渡ったマンモスは生き延びて進化をつづけました。そしてヨーロッパに留まった種（*Mummuthus meridionalis*。約一〇〇万年前に絶滅）、中央ヨーロッパで誕生しアジアへと進出した種〔ステップマンモス（*Mummuthus trogontheri*）〕に分岐します。体高四メートル、体重一〇トンにも及んだ最大のマンモスであるステップマンモスは、日本へも到達し独自の進化を遂げました（*Mummuthus protomammonteus*）が、すぐに絶滅したと考えられています。また同種は北米南方まで到達し、コロンビアマンモス（*Mummuthus columbi*）へと進化しました。

さらに、*Mummuthus meridionalis* のうち、地中海の島に渡り、体を小さく進化させたピグミーマンモス（*Mummuthus creticus*）もいます。地中海には *Elephas* 属のピグミーゾウが生息した島と *Mummuthus* 属のピグミーマンモスが生息した島があります。いずれの種も、天敵のいない、島という孤立した環境において、また限られた食糧資源を前に体が徐々に小さくなり、おとなになっても体高が一・五メートル以下しかありませんでした。

さて、ステップマンモスはケナガマンモス（*Mummuthus primigenius*）の直接の祖先にあたります。ケナガマンモスは約七五万年前にシベリアで誕生しました（図1-4）。その後、

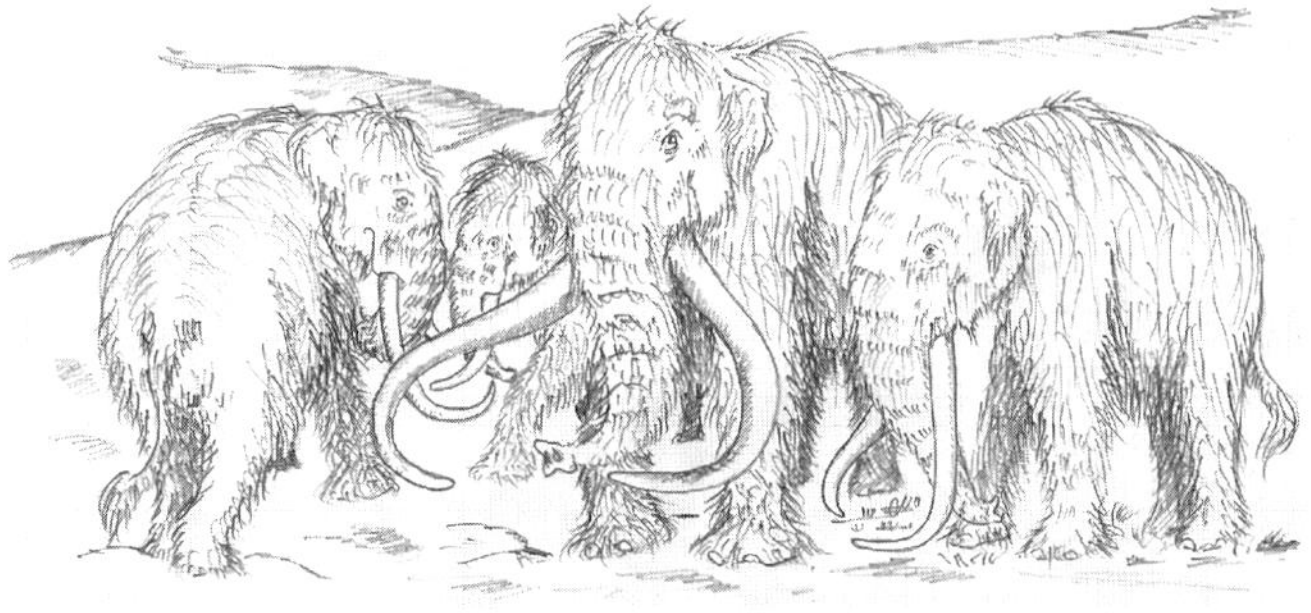

図 1-4　ケナガマンモス。つい最近まで広く分布していたマンモスは、気候変動によって絶滅したとされる。近年のさらなる気候変動により永久凍土が融け、たくさん出土している。絵：福永年博氏

西はアジア、そしてヨーロッパへ、東は北米北方へと分布を大きく拡大させたのです（約一〇万年前）。

シベリアでケナガマンモスが繁栄したころは、氷河期の真っただ中でしたが、日照時間が長かったため、意外にも草が豊富なステップ気候だったことがわかっています。現在も生き延びているトナカイや馬、バイソンはこのころ誕生し、ほかにもケナガサイなど多くの草食獣が生息していました。どこまでもつづく草原に大きなゾウやトナカイやバイソンが悠々と草を食《は》む……当時は草食獣の王国だったのかもしれません。

ところで、「マンモスはゾウの祖先である」という考えはまったくの誤解です。毛皮を身につけた人間が木でつくった槍や石を用いてマンモスを狩猟している絵を見たり、マンモスがすでに絶滅しているという事実から、そのような誤解を持つ人が多いのでしょう。

たしかにマンモスは一万年前ごろまで地球上に生息し、人間の狩猟対象となっていました(一説ではそれが原因で絶滅したとされています)。しかし、そのころには同時にサバンナゾウ、マルミミゾウ、アジアゾウも存在していたのです。

不運にもマンモスは約一万年前に絶滅しました。その理由は諸説ありますが、人間による狩猟のほか、食性にあったとする説があります。生き残ったゾウたちは草のほかに木を食べることもできました。一方マンモスの消化器では、あまり多くの木を食べることはできなかったと推測されます。またマンモスの肢はほかのゾウと比べると短く、運動能力、とくに持久力が劣っていたと考えられます。気温が上昇するにつれてステップ草原が減り、森林が拡大した結果、マンモスは十分な食糧を確保できなくなってしまったと考えられます。更新世に入り絶滅直前のマンモスが食糧難にあったという証拠に、体が小さいうちに成長が止まった化石がいくつも発掘されています。

二〇〇五年に、「愛・地球博」で展示されたユカギルマンモスを見に行きました。多くの古生物のような化石の状態ではなく、永久凍土の中で冷凍された状態で見つかったものです。体毛も残っているし、顔には表情もうかがえ、まるで昨日まで生きていたかのような姿に、思わず涙があふれました。現在も地球は大きな環境変動の時代に入ったといわれていますが、かれらもまた、当時の大きな環境変動の渦のなか、生き延びることができなかったのかもしれません。

現在起きている環境変動は、自然のものもありますが、人類によって引き起こされた部分も少なからずあります。人類は、電車や飛行機を使って、一日のうちに何千キロでも移動することができます。このようにとてつもなく広い行動圏を持つようになった生物は、過去に類を見ません。そして人間は、自分だけでなく、他の哺乳類、植物、そして知らず知らずのうちに菌類やウイルスも、一緒に移動させているのです。それが地球環境や生態系に及ぼす影響は、測り知れないものだと思います。このような中、私たち人類を含むあらゆる生物は、今後の生き残りをかけて、いったいどのように対応していくのでしょう。

生き延びたゾウ

氷河期の過酷な環境に加え、人類による執拗《しつよう》な狩りがあったにも関わらず、三種類の長鼻目は生き延びました。それがアジアに広く生息するアジアゾウ（*Elephas maximus*）、アフリカのサバンナに生息するサバンナゾウ（*Loxodonta africana*）、そしてアフリカの森林に生息するマルミミゾウ（*Loxodonta cyclotis*）です。次の節では、これら三種についてくわしく見ていきましょう。

二　完成〝ゾウ〟の体

大きな体に隠された秘密

【地上最大のからだ】　ゾウはとにかく大きな動物で、なかでもサバンナゾウはオスだと体高は五メートル近くになります。重さも地上最大で、マルミミゾウやアジアゾウは四トンほど、サバンナゾウは五トン近くにもなります。また生まれたてのゾウは、見た目の大きさは大型犬（たとえばゴールデンレトリーバー）ほどですが、体重は優に一〇〇キログラムを超えます。生後一カ月の赤ちゃんゾウは、体高が私たちの股下ほどの高さしかありませんが、甘く見てはいけません。お相撲ごっこをしたときに膝に体当たりされて、とっても痛かった思い出があります。

【大食いを支える消化機能】　ゾウは草食獣です。つまり、草や木の枝、根っこ、果物などを食べます。その量は一日でじつに一〇〇キログラムとも言われています。動物園では青草、わら、乾草、バナナ、ニンジンなどが与えられています。野生のゾウは起きている時間のほとんど食事をしています。食べながら移動し、食べながら遊ぶのです。毎日それほど多くの食物が体内に入ってくるのだから消化するのも大変でしょう。消化にかかる時間は、食べ物の種類によっても異なりますが、二四時間以上、一番長い記録で五四時間も費やされます。

ゾウは胃と腸で食物を消化します。ただし胃は、酵素が食物繊維を多少分解しますが、未消化の食物の貯蔵がその役割の多くを占めます。栄養素の吸収はおもに盲腸と腸で行われます。ここでは微生物により食物が発酵され、吸収が促進されます。この微生物ですが、生まれたばかりの子ゾウの体内にはいません。生後、おとなの糞か、おとなが吐きもどした食物を摂取することで体内に導入されるそうです。

以上のような工程を経て、若い植物であれば四〇から七〇パーセント、育ち切った大きな木なら一〇から四〇パーセントは吸収されます。つまり、ゾウはたくさん食べるけど、半分程度しか消化しないので、糞に繊維がそのまままたくさん出てきます。それを利用してつくられた紙（ゾウさんうんちぺーパー）がお土産として売られていたりすることもあります（コラム①参照）。

種子散布～ジャングルを育てる庭師～

スリランカに、野生のゾウを観察しに行ったことがあります。舗装されていない道なき道を、車に揺られて半日。人の腰ほどの深さもある川をものともせずに、じゃぶじゃぶと突き進み、車体を両脇からサボテンの針がきいきいひっかいてもお構いなし。車はずんずん進んでいきました。そんな車を突然停めたのは、道路をまたいで倒れていたチークの大木でした。いったいどうして、こんな一〇メートル近くもの大木が倒れているのでしょう？　犯人は、ゾウでした。チークの木を根こそぎ倒し、そのままジャングルの茂みへ分け入ったようです。森の中へ向かって、一直線に草木が踏みつぶされて、新しい道ができあがっていました。

ゾウがつくった道は、その後、シカやジャッカルなど、あらゆる動物たちが使う獣道になります。そしてその道を利用するゾウを含めた動物たちのうんちに交じって、植物の種が運ばれてきます。大木が倒されて地面に太陽光が届くようになると、それらの種は、新たに芽を出します。ジャングルの植物は、このようにして分散していき、森が廻《まわ》っていくのです。

以前、上野動物園で、アイムサ・カンポス・アルセイス博士の実験のお手伝いをしました。ゾウにタマリンドウの実を食べさせ、その後、うんちからタマリンドウの種を回収して、その種を植えて発芽率を調べるという実験です。

人手が足りないと困っているアイムサに、「手伝うよ」と軽い気持ちで言ってしまったものの、ゾウのうんちからタマリンドウの種を見つけ出す作業は、思っていたよりも大変でした。ゾウは、一個あたり、およそ一キログラム程度、大きさは二〇センチメートルほどのうんちを、いちどに二〇個ほど、ぼとぼとぼとっと落とします。個体差はありますが、一日に四回ほどうんちをします。つまり一日、一頭あたり八〇個のうんち。それを四頭分です。山のように積まれたうんちを、ひとつずつホースの水で洗い流していく作業を、休憩をはさんで一日中つづけました。私のようなボランティアスタッフを含め総勢一〇名ほどで、じつに二トン以上ものうんちを水洗いしたことになります。何も入っていないうんちだと、とてもがっかりしますが、タマリンドウの種が指先にあたると、「あ!」と、まるで宝石でも見つけたかのようにうれしかったものです。タマリンドウとともに、色つきのビーズをゾウに食べてもらい、誰のうんちか、そして何日前に食べたタマリンドウかを識別します。

その結果、タマリンドウの種の排泄は、採食後九時間から始まり、四八時間後にピークを迎えて、一一四時間までつづきました。ゾウのおなかを通ったタマリンドウの発芽率は、およそ六六パーセントということがわかりました。これは、何もしていない種子の発芽率八九パーセントと比べると低いのですが、発芽までの時間は一五時間で、未処理の一九時間よりも早いことがわかりました。アイムサたちは、この実験で得られたデータを、野生ゾウの移動距離のデータと組み合わせて、種子の散布距離を求めました。その結果、平均散布距離は一・二から二・一キロメートルほどで、最長五・八キロメートルとなりました。植物にとっては、運搬してもらったうえ、そのうんちも種の肥料となるので、ゾウは、一石二鳥の存在と言えます。

この、種子散布の役割を担う動物は、ほかにもたくさんいます。ゾウ以外でも、鳥に食べられて運ばれたり、小型の動物の毛にくっついて種を運んでもらうこともあります。このように、森とそこに暮らす動物たちは、密接に関わりあって存在しています。

コラム① ゾウさんうんちペーパー

動物園のおみやげ屋さんなどで、ゾウのうんちからつくった紙の製品を見かけたことはありませんか？ 先に紹介したように、ゾウのうんちには植物の繊維が消化されずにたくさん残っています。その繊維をつなぎにして、たとえば牛乳パックなどのパルプと混ぜて、紙漉《す》きですくと、とっても味わい深いぞうさんうんちペーパーのできあがりです！

　二〇一九年に、私の娘が通っていた幼稚園で、ゾウさんうんちペーパーのワークショップを行いました。園児たちに、ゾウはどんな動物なのか、そのうんちの役割（種子散布）、そしてゾウがいま人間たちの生活のために絶滅してしまうかもしれないことなどを紹介する、お手製の紙芝居を見せました（図1－5）。それから、「これが、ゾウさんのうんちだよ！」とポリ袋に入れたうんちのほぐしを見せると、一同悲鳴！で

図 1-5　ワークショップで読み聞かせた紙芝居。ゾウのうんちで紙をつくるワークショップでは、ゾウを取り巻く生態系のしくみを紹介する紙芝居をつくり、参加した子供たちにお話しした。絵：野口忠孝氏

も、「洗って、干してあるからもう汚くないよ。においをかいでごらん」と嗅がせると、「臭くない！」これで落ち着いて紙漉き体験の始まりです。

各自、水、牛乳パックのパルプをほぐしたもの、好きな色紙をちぎったもの、ゾウさんのうんちをペットボトルに入れて、よくシェイクします。子供たちは、じつに楽しそうに叫び声を上げながら、シャカシャカとペットボトルを振っていました。さて、液が十分に混ざったら、底面に網を張った木枠に流し込み、水に沈めてやさしくゆすります。液が木枠の隅々に広がったら、水から上げて、新聞紙の上に並べて乾かします。二、三日もすれば、とってもかわいい、うんちペーパーのはがきができあがりました（口絵「ゾウさんうんちペーパー」）。園児たちは、とても喜んでくれました！　幼稚園でゾウさんうんちペーパーをつくった五〇人の園児たちは、きっと、ゾウのこと、ゾウを取り巻く自然環境が危ういことを忘れずにいてくれるはずです。そしてその知識と記憶は、彼らの行動や将来の選択に、何らかの影響を及ぼすことでしょう。

こういったゾウのうんちペーパーづくりを、スリランカなどでは国を挙げて行い、自然保護活動の宣伝にいかしているそうです。国内の動物園でも、ワークショップなどを開催しているところもあります。何事も、「知る」ことが第一歩となります。人間は、知って初めて、共感し、行動することができるからです。大きな社会の流れに身を任せて暮らしていると、知らず知らずのうちに、地球環境に多大な悪影響を与えてしまうのが現状です。これから地球環境を守っていくためには、少し大変かもしれませんが、ひとりひとりが正しい知識を持ったうえで、よく考え、責任を持った行動をしていくことが、一番大切なのではないかと思います。

自然界ではほぼ無敵!

ゾウは一日一〇〇キログラムにも及ぶ大量の植物を食べて体を大きくすることで、たくさん得をしています。そのひとつが、めったに敵(肉食獣)に襲われないということです。ゾウは群れで暮らしていますが、四トン以上の巨体が群れていたら、百獣の王ライオンですら歯がたちません。逆にゾウを怒らせてしまっては大変です。ゾウの群れに出くわすと、ライオンはおとなしく道を譲ります。

ゾウの長い鼻はすべて筋肉でできています。滑らかに動く鼻を見ていると、柔らかそうに見えるのですが、とんでもありません!じっとしているゾウの鼻に触れると、たしかに表面は暖かくて柔らかい皮膚でおおわれています。しかし、その中身は、まるで硬い粘土でできているのかと思われるくらいがっちりしていて、押してもまるでびくともしないのです。ゾウが長い鼻を振り回してライオンを飛ばす様子がしばしば観察されます。鼻は、ゾウにとって最強の武器でもあるのです。

タイトルで〝ほぼ〟無敵としたのは、アフリカではごくごく稀《まれ》にゾウがライオンに襲われることがあるからです。①ライオンが飢えていること、②ライオンが大きな群れであること、③夜間であること、④若いゾウ（二トン以下）が群れからはぐれていること、以上の条件がすべてそろうと、ゾウはライオンに襲われ、食べられてしまうことがあるそうです。また、病気やけがで体の自由の利かないゾウもやはり、肉食獣の標的になってしまいます。

しかし、ゾウにとって最大の敵は、やはり人間でしょう。たとえば、ケニアのアンボセリ国立公園に生息するアフリカゾウにとって、マサイ族は恐れるべき存在と言えます。マサイ族には、若者がゾウを狩猟して一人前と認められるという伝統があるからです。アンボセリ国立公園に暮らすゾウたちは、脅威となるマサイ族と脅威にならないカンバ族の人間を、視覚と嗅覚で弁別していることが示されました。すなわち、ゾウは、マサイ族の伝統衣装に使われる色に対して攻撃的に振る舞い、また、カンバ族の人が身につけて臭いがうつった衣服よりも、マサイ族の人が身につけた衣服を恐れる行動を示しました。

そうした伝統とは別にも、人間は、ゾウの生息地を奪い、銃や地雷で命を奪います。タイのゾウ保護センターで、カンボジアの地に埋められた地雷を踏んで負傷したゾウに会いました。かれらの傷口は、本当に痛々しいものでしたが、何よりも、絶望に満ちた悲しい目を忘れることができません。突然足を失い、家族を失い、いずれはその怪我が原因で命まで失うかれらのために、私たちに、いったい何ができるのでしょうか？　ゾウと、家族同然に仲良く暮らせる人間もいれば、象牙のためにゾウを惨殺する人間もいます。世界中で飼育されているゾウの中には、決して幸せとは言えない環境で暮らすことを、強いられているものもいます。このように山積みの問題は、そう簡単には解決されません。なぜならば、その背景には、複雑に絡み合うグローバルな経済活動が関係しているからです。密猟者や森林伐採業者は、そうして生計を立てているため、個人の問題では決してありません。需要が生まれないように、そして密猟者たちが別の幸せな仕事を見つけられるように、社会全体が取り組まなければならない問題なのです。

それはつまり、世界中の人間が、本当の幸福に満たされて初めて、環境問題は解決されていくはずで、そのためには、長い時間がかかることを意味します。これまでに積み重ねてつくり上げられてきた、強者と弱者が存在するような理不尽な縦社会構造を見直し、満たされた個人どうしが横につながる社会をつくり上げていかなければ、結局、人間は無慈悲な破壊者でありつづけるように思います。

人間は本来、現代の多くの国で見られるような縦社会に暮らす動物ではなかったようです。その証拠に、現代病のひとつとされるうつ病を発症させるおもな原因は、過度のストレスです。ストレスを引き起こす状況は多様ですが、そのひとつとして注目すべきは、人間の脳は不平等な状況に敏感にストレス反応を示すということです。自分かあるいは相手のどちらか一方が優遇される状況に、脳はストレス反応を示します。理不尽で不平等な状況が蔓延《まんえん》する現代社会で生活をつづけることで、脳は常にストレス反応を示し、その結果、人はうつ病を発症してしまうのです。つまり、このような縦社会においては、自らを勝者と思っているような人も、不幸にもかなりのストレスを感じている可能性もあるのです。そして、大量消費に支えられた経済活動こそが、この不平等な社会の礎ともいえます。地球環境問題や自然保護問題は、こうした深刻な状況とも複雑に絡み合い、つながっていると考えられるのではないでしょうか。

体温を保つ秘訣——大きな耳

ゾウは基本的に温暖な気候で暮らす動物です。そのゾウが日本の寒い冬の日に、外に出されている姿を見ると、少しかわいそうに思います。とっても寒そうな表情を浮かべていますから、もちろん、寒いのだと思います。しかし、体が大きいおかげで、人間のように芯まで冷えることはどうやらないようです。どんなに寒い日でも、ゾウのうんちは崩れることなくほかほかです。動物は体が大きければ大きいほど、体温が保たれるのです。

とはいえ、やはりゾウの体は暑さから身を守るように進化しています。たとえば、耳です。寒さから身を守るために体を大きく進化させた動物（たとえばホッキョクグマ）は、外気に直接触れる体の表面積をなるべく小さくして体温を逃さないように、耳は比較的小さくなっています。ほかにも例を挙げるとするならば、ホッキョクギツネとフェネックの耳です。比べてみると、寒い地域に棲《す》むホッキョクギツネのほうが、はるかに小さな耳をしています。

ゾウの耳はどうでしょう。とっても大きいですね。その大きさは、ゾウ自身の顔の大きさと比べれば、相対的にもかなり大きいことがわかります。その理由は、耳の裏を見るとよくわかります。ゾウの体は厚い皮膚で覆われていますが、耳の裏には血管が見えます（図1－6）。つまり、耳を通るときに血液が冷やされ、体温が下げられるようになっているのです。

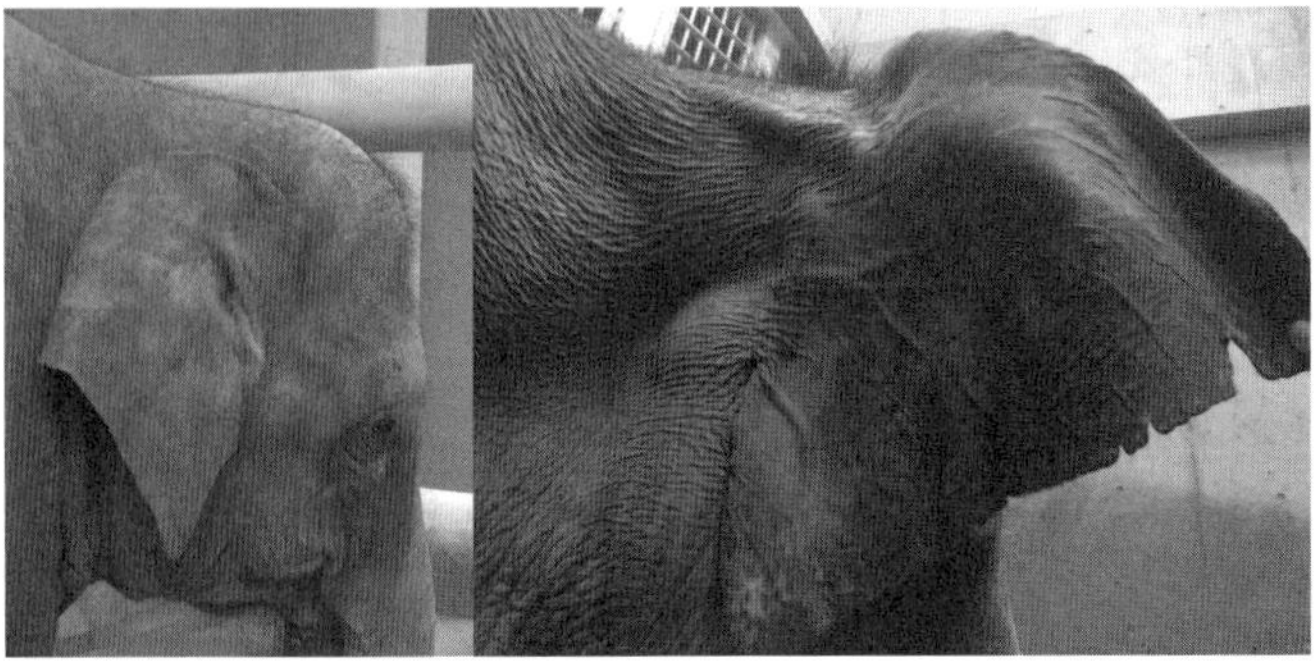

図 1-6　ゾウの耳（表と裏）。ゾウは大きな耳で輪郭が縁どられ、その愛くるしい顔が引き立てられる。耳は、集音器としてはもちろん、体を冷やすラジエーターとしての機能も果たす。ゾウの耳裏には、太い血管が浮き出ている。ちなみに、健康管理のための採血をするときにも、ここの血管が使われる。

暑い日、ゾウが耳をパタパタとしているのは、耳の裏に風をあてて、体温を下げているのだと考えられます。

体温を下げる以外にも、もちろん耳ですから、集音器としての役割も十分にあります。しかし、猫のように音源の方向へ耳をくるくる動かす様子がゾウでは観察されませんから、音をよりよく拾うためというよりは、やはり体温調節のために耳は大きく進化した、と考えるのが自然だと思います。

また、ゾウの毛はコートの代わりには到底なり得ません。毛の一本一本は剛毛でも、まばらに生えた毛では保温効果はほとんどなく、皮膚が露出し、外気と皮膚が直接触れてしまうからです。

骨の秘密① ゾウはいつもつま先立ち？

タイではゾウはほぼ放し飼いにされています。ゾウ使いではない私でも、いつでもゾウに触れることができ、ゾウを身近に感じることができて、とても幸せでした。しかし、怖い思いをしたこともあります。実験中、ふと振り返るとすぐ真後ろに大きなゾウが！「いつの間にそばにきたの!?」まったく気がつきませんでした。それもそのはず、ゾウは歩いてもほとんど足音がしないのです。そのゾウは私にとてもなついていて、もちろんいたずらする気はなく、ただ甘えていただけだったからよかったものの、もしこれがジャングルで、相手が野生ゾウだったらと思うと、ゾウっとします。

さて、ゾウに足音がない理由はその骨格にあります。ゾウの足の骨を見てみると、つま先立ちのようになっていて、踵の部分には繊維と脂肪とコラーゲンの分厚い層があります（図1-7）。つまり、いつもふかふかクッションのヒールを履いているのです。こうすることで、とてつもない重量によ

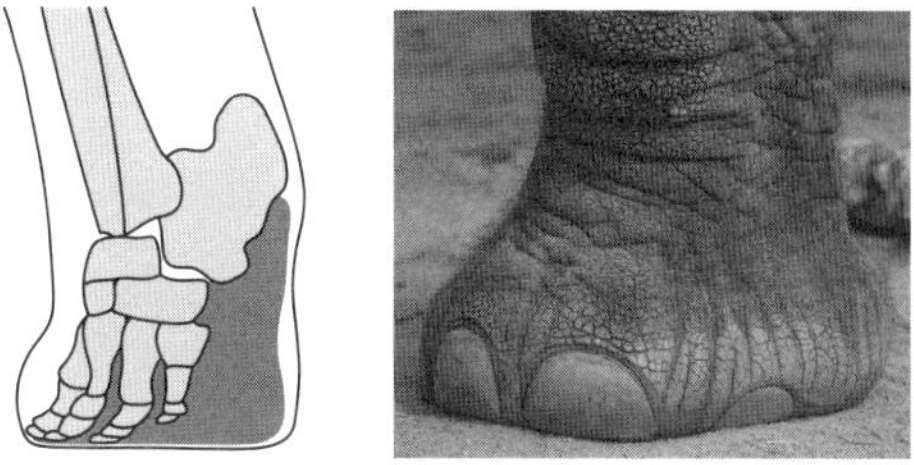

図1-7 ゾウの足骨格略図。外から見ると丸太のようなゾウの足だが、踵部分には厚いクッションがあり、指骨はつま先立ちのようになっている。

る骨への負担を和らげ、四トンもの巨体を支えているのです。それと同時に、クッションのお陰で足音がなくなりました。こうして図らずも、ゾウはかくれんぼと忍び足が得意になったわけです。

骨の秘密②　全身聴診器？　骨伝導のしくみ

ゾウのつま先立ちの足にはもうひとつ秘密があります。それは、聴診器としての役割を担うということです。つまり、ゾウはつま先の骨から地面の振動を〝聞く〟ことができるのです。ゾウの内耳を調べると、骨伝導を使って地震波を知覚するほかの哺乳類（ハダカデバネズミなど）と同じように、槌骨《つちこつ》が肥大しているうえ、地面の振動を知覚する際に、ピタリと動きを止めて、前足に体重をかけるしぐさも、ゾウが骨伝導を使っていることの証拠と考えられています。

地面を振動させるものは、地震や地響きのようなものがあります。動物の移動や足音でも地上振動が発生します。たとえば体重七五キログラムの人間が足を踏み鳴らしたときに発生する地上振動は、一・一一キロメートル先でも計測されますが、体重二七二〇キログラムのゾウの足音は、じつに三二キロメートル離れた地点まで届きます。そして動物が発する音声にも、空中を伝う成分と地震波成分が含まれます。ゾウは二〇ヘルツ程度の低周波音を、もっとも大きく発しますが、自然界ではこの周波数の音は、雷と地震くらいしかないので、ゾウたちが独占的に利用できるチャンネルと言えます。さて、ここでは地面を伝ってくる低周波音の意味をゾウが理解できると証明した、アメリカの研究チームによる報告から紹介しましょう。

実験では、ゾウの警戒音の低周波音声から、地震波成分だけを抽出してスピーカーから再生（震動性刺激を提示）しました。それをほかのゾウの群れに向かって再生してみたのです。すると群れはこの危険を知らせる警戒音に反応し、「何!?　何が危ないの!?」という具合に、互いに身を寄せ合う警戒態勢をとったのです。つまりかれらは震動性刺激であってもその音の意味（「警戒せよ！」）を理解し、とるべき行動（警戒態勢）をとったのです。したがって、ゾウは地面を伝わってくる低周波音を、つま先の骨から聴覚器官まで骨伝導させて「聞いている」ということが証明されました。

ゾウと低周波音の関係については、第4章でさらに解説します。

三　長い鼻

ゾウの長い鼻。まるでそれ自体が生き物かのように、のんびりゆらゆら、それでいて目的に向かって的確に動いています。ゾウにとって、この鼻はいったいどのようなものなのでしょうか？

鼻のいちばんの役割

ゾウは初めて出逢った相手に対しては、まず目で見つけ、耳で聞いて、「知らないやつみたいだけど……知りたい」そう思うと近寄ってきて臭いを嗅ぎます。ゾウどうしだったら、足元から口の中、こめかみ付近を嗅ぎまわり、最後にちょっと失礼しておしりのあたりまで隈なく嗅ぎまわります。ゾウにとって、何かをよく調べるには、目だけでも耳だけでもなく、鼻でも調べなければ気が済まないようです。音をもっとも重要な情報とする動物は、大きくて音源の方向へくるくる自在に動かせる耳を持っていますね。ゾウにとっては、おそらく臭いがとっても大事な情報なのです。「たくさん臭いを集めたい！」ゾウにとって鼻は、集音器ならぬ集臭器なのでしょう。

なぜ鼻は長くなったのか?

ゾウの鼻は進化の産物です。長い進化の中で鼻が何か目的を持って自らを変化させたわけではないかもしれません。何かの副産物かもしれません。しかし、ゾウは鼻を長くすることでどんな得をしているのかを考えてみることは、ゾウが生きる世界を、ゾウの視点から理解するためにも大切なことです。

まず、ゾウの体を分析してみましょう。長い鼻があって、その根元には大きな頭がありまず。頭の重さは五〇〇キログラムほど。その頭を支えるには、太い首は不可欠です。首は長すぎても肩などへの負担が大きくなってしまいます。短くて太い首がぴったりです。そしてその首がしっかりと胴体と頭部をくっつけています。

ゾウの頭はなぜこんなにも大きいのでしょう? ゾウの頭は頑丈な頭骨とむきむきの筋肉からなります。ゾウはとても賢い動物で豊かな感情を持っています。そういった知能や心の世界を支えるのは、もちろん脳です。五〇〇〇グラムにも及ぶ大きな脳を守る頑丈な頭骨と、ゾウの象徴である太くて長い鼻を維持するための筋肉がついてゾウの頭はあんなにも大きくなったのです。

大きな脳と長い鼻の間にも関係があると、私は考えています。大きな脳、つまり大きな頭を支えるために、首が十分に太くなければなりませんでした。首を太く頑丈にすると、困ったことに、頭部の動きが制限されてしまったのです。その不自由さを、長く機動性に優れた鼻が十分に補ってくれたのではないでしょうか。鼻がよく動くことで、首が固定されていても生活に困りません。大きな頭を保ったまま、鼻で動きの自由も得たのです。さらに自由の利く鼻で、道具をつくって使用したり、自由に物を動かしたりすることで脳は刺激され、ますます発達していったとも考えられます。そうやってゾウの体は各部位が互いの欠点を補い合いつつ、長点を生かし、〝ゾウ〟を成り立たせているのでしょう。

ヒトの指しゃぶりとゾウの指しゃぶり

ヒトの赤ちゃんは、どこの国でも同じように指しゃぶりをします。どうしてでしょう？気分を落ち着かせるためというのが一般的な考えです。また、体の先端である指の感覚を鍛えるとともに、もっとも敏感である舌でその存在を確認している可能性もあります。もちろん赤ちゃんとしては、そんな難しいことは考えずに、ただ「お母さんのおっぱいを吸ってい

図 1-8　ゾウの鼻しゃぶり。ゾウの赤ちゃんの鼻の動きは、必見の可愛さである。まだふにゃふにゃふわふわした鼻を、ゾウの赤ちゃんはぶんぶん振り回して遊ぶ。そして、疲れて眠るときには、指しゃぶりのように口に入れて眠る姿も……。

るみたいで安心する」から指をしゃぶるのでしょう。じつは、ゾウも指しゃぶりならぬ、「鼻しゃぶり」をしているのを目撃しました！（図1－8）むにゃむにゃ眠りながら、人間の赤ちゃんと同じように、おっぱいを吸っているような動きでちゅっちゅっと自分の鼻先をしゃぶります。ゾウにとっての鼻は、私たち人間にとっての手（指）と同じものと言えるのではないでしょうか？　ゾウの鼻とヒトの手の類似点を挙げていくと、そう確信します。

ここまで似ている！　ゾウの鼻とヒトの手

犬の散歩をしていて、タンポポの綿毛が飛んできました。顔に近づいてきてくすぐったいので「手」で払います。犬は？　「前足」で不器用そうに払います。ではゾウはどうでしょう？　「鼻」で、しかもかなり正確に（無駄な動きもなく）払いのけてみせます。ゾウは鼻で、さまざまな動作を生み出します。

手で餌をつかみ、口まで運んで食べるのは、霊長類と齧歯類《げっし》（リスやモモンガ、ハムスターなど）、それにコアラやキンカジューなどが挙げられます。ゾウは、手を使わなくても、鼻でそれをやってしまうのです。そうすることで手（前足）はいつでも重たい体重を支えることに、専念できるのです。

ほかにも、ゾウの鼻とヒトの手はその成長過程も似ています。生まれたてのゾウの鼻は、ふにゃふにゃしていて、触るとまるでマシュマロのように柔らかです。というのも、鼻はすべて筋肉でできているので、赤ちゃんのころはまだ十分に発達していないのです。赤ちゃんゾウの鼻は、ふるふると所在なげにくっついているだけという印象で、まだ上手には使いこなせません。お母さんのように鼻で何かをつまむこともできません。人間の赤ちゃんの手といっしょです。ヒトの子どもも、初めておもちゃをつかんだ日には、両親そろって大よろこびするほど、最初は何もできません。手を器用に使えるようになるまで、幼稚園の年長さんくらいまでかかります。同じように、ゾウの子供も五歳ほどで、ようやく上手に青草を食べやすいように丸めたり、木の枝を折ったりといった細かい作業ができるようになるのです（図1－9）。

さらにヒトの手に「右利き」「左利き」があるように、ゾウの鼻にも「右利き」「左利き」

図 1–9 自由自在に動くゾウの鼻。骨がなく、筋肉でできたゾウの鼻は、どの方向にもうにゅうにゅと自在に動く。柔らかそうに見えるが、筋肉の塊なので、触るとやはり岩のように固い。ゾウはこの自在に動く器用な鼻を、私たち人間の手のようにさまざまに使う。

があります。ゾウの鼻は一本しかありませんが、物を巻き取るときに鼻を巻く方向が、個体によって左右決まっているのです。木の枝を折るときに鼻を巻きつけますが、右巻きにする個体はいつでも右巻き、左巻きにする個体はいつでも左巻きにするのです。自分の体に触れるときや水を吹きかけるときにも「利き鼻」の向きは見られますが、食べる動作に関してはほぼ一〇〇パーセント「利き鼻」が決まっています。各個体の利き鼻は二歳ごろまでに決まります。「利き鼻」があることによって、食べ物を効率的に獲得し、食べる動作も速くなると考えられます。私たちが右手だけで字を書く練習をしたほうが、両手で書けるように練習するよりも早く字を書けるようになるのと同じです。消化効率の悪いゾウはたくさん食べ物を食べなければなりません。少しでも速く、少しでも多く食べなければならないのです。したがって「利き鼻」を発達させることは、ゾウにとってとても重要なことなのです。

ところで、サンスクリット語では、ゾウのことをHastinと言うそうで、その意味は、「手を持つ」だそうです！　ここでいう手とは、きっと鼻のことにちがいないと思います。

ゾウの知能進化の要は「鼻」？——「鼻—脳仮説」

ヒトは本当に賢い動物です。豊かな心も持っています。料理をして細やかな味つけをしたり、装飾品をつくったり、機械をつくったり……。生きるうえで一見〝無駄〟と思えることを積極的に実行していく、これがヒトの高度な知能の証拠のひとつといえるでしょう。たしかにヒトは、ほかのどの動物とも違います（もっとも、どの動物もそれぞれに違いますが）。しかし、ゾウも私たちには想像もつかないような心の世界を持っているように思います。

上野動物園で研究中、ゾウがこの〝無駄〟な行動をしている様子を見たことがあります。それは、あるメスゾウが室内で餌を食べるときの〝癖〟です。彼女はいつも、餌として与えられた竹の中から、適当な長さの竹を選び、前脚の間に挟み、その状態で食事を済ませ、最後にその竹を食べていました。寄りかかっているわけではないので体重の支えにしているのでもないし、各部屋に一頭ずつ入っているのでほかのゾウにその竹を取られないように守っていたわけでもなさそうです。興味深いことに、そのメスゾウの向かいの部屋にいるメスゾウも、あるときからその行動を真似しだしたのです。向かいの部屋から最初のメスゾウの行動を見ていて「わあ、クールだな！　私もやってみよう」と思ったかはわかりませんが、何とも不思議な事例でした。ゾウにはまだまだ解明すべき不可解な行動はたくさんありそうですが、かれらが知能を高度に発達させているという科学的証拠が少しずつそろい始めています（第3章参照）。

ゾウが霊長類のように、高度な知能を持つとします。では、知能はどのように発達してきたのでしょうか？

ヒトは複雑な社会の中を生き抜くうえで、知能が発達し、脳が大きくなったとされます。さらに、ヒトは手でまわりの環境を自在に操ることができるので、その分、手先から脳への刺激も多く、また、効率的に摂食して栄養をとることができるので、それがエネルギーをたくさん要する脳のような器官の維持と発達に寄与していると考えられます。

ゾウの場合はどうでしょうか？　ゾウも鼻のお陰で、環境を自在に操り、またコミュニケーションの幅も広がり、たくさん頭を使うようになった、と考えられます。さきほども述べましたが、ゾウが大きな頭を維持できているのは、動かない首の欠点を鼻が十分に補っているからだと思います。それと同時に、鼻を使うことでどんどん変容していく環境が常に脳へ刺激を与え、脳の発達を助けてきたと考えられます。これが、「鼻―脳仮説」です。

鼻という個体内要因のほかに、ヒトと同じように、やはり複雑な社会で生きるという個体間要因も、ゾウの知能を発達させているはずです。他個体とうまく生きていくには、賢くなければいけません。それはヒトを含めた多くの霊長類も同じです。ゾウの社会はとても複雑で、高度に整理されています。個体間の絆も血縁を超えた深いもののようです（第2章参照）。

また、ゾウが識別できる個体数はかなり大きいとされています。他個体間の関係（だれとだれの仲が良く、あるいは競争関係にあるかなど）を理解し、それに合わせて行動することが、ゾウはできると言われています。

ゾウの知能発達の要は、「鼻」！　そして「複雑な社会」。このふたつと言えるでしょう。

四　現存するゾウの違い

ダンボはなぜいじめられた？

ディズニー映画『ダンボ』では、水色の小さなかわいい子ゾウが大活躍します。しかし、どう見てもかわいらしいはずのダンボが、どういうわけか、叔母のゾウたちにいじめられます。理由は「耳が大きすぎる」から。叔母ゾウや母ゾウ（ジャンボ）は、その特徴から、どう見てもアジアゾウです。では、ダンボはどうでしょう？　ここからは、まったく私の勝手な個人的見解ですが、額の形や、何よりもあの大きな耳から判断して、ダンボはサバンナゾウなのではないでしょうか？　つまり、アジアゾウの叔母たちから見て、サバンナゾウのダンボの耳は異様なほどに大きく感じられ、別種のために受け入れ難かったのでしょう。コウノトリは、サバンナゾウであるダンボを、アジアゾウの赤ちゃんと間違えて届けてしまったのでは……？　信じるか信じないかはあなた次第ですが、いずれにしても、みなさんがこのコウノトリのような間違いをしないために、この節では現存するゾウの見分け方を紹介します。

アジアゾウ

アジアゾウ（*Elephas maximus*）が属する*Elephas*属は、約八〇〇万年前にアフリカで誕生したのち、数種に分岐してから出アフリカを遂げたと考えられています。*Elephas*属のうち絶滅してしまった種には、先にも紹介しましたが、地中海の島で体を小さく進化させたピグミーゾウ（*Elephas cypriotes*）などがいます。さて、*Elephas*属のうち生き残ったのがアジアゾウです（図1-10）。

遠目に見て、コロンとしているという印象を持ったら、それは十中八九、アジアゾウです。太っているという意味ではありません。背中が丸いドーム状なので、全体の輪郭が丸っこいのです。ただしアジアゾウには二つの体型があり、「箱型」の個体と「いかり肩型」の個体がいます。箱型の個体は横から見ると丸みを帯びた長方形をしていますが、いかり肩型の個体

図 1-10　アジアゾウ。アジアに広く分布するアジアゾウは、頭頂部が左右にわかれて盛り上がっているのが特徴のひとつだ。耳も、アフリカゾウよりも小さい。絵：福永年博氏

は横から見ると肩が一番高く、背中はなだらかに下がっていく三角形のような形をしています。

次に頭部についてです。耳は顔よりひと回りほど小さく、額は正面から見るとふたつのこぶがあります。ゾウは性別によって体格が異なり、オスのほうがメスよりひと回り大きくなりますが、とくにオスの頭部は牙の付け根が膨らみ、牙を支える筋肉が発達した結果、頭頂部と後頭部が大きく発達します。オスは立派な牙

を持つ個体が多い一方、メスの牙は短く口の中におさまっていて外からは見えない個体が多いと言えます。なかにはメスでも牙が口から二〇センチメートルほど出ている個体もいます。

牙についてはオスに関しても例外があります。以前スリランカに調査で行ったとき、遠くから見るとオス、メスの判別が難しかった記憶があります。というのも、スリランカに生息するアジアゾウは、オスもメスのように牙が目立たない個体が多かったのです。これは「人間」という淘汰圧がかかった結果ではないかと思います。人は高値で売れる象牙のために多くのゾウを、過去も、そして現在でも殺しています。スリランカで長い牙を持つゾウがいなくなったのは、人間が長い牙を持つゾウを殺しつくしてしまい、短い牙を持つゾウだけが生きながらえたからではないでしょうか。あくまで仮説ですが、スリランカという島国では、十分にあり得る話です。

アジアゾウはインド、スリランカ、ネパール、タイ、カンボジア、インドネシア、ミャンマー、中国……といった具合に、アジアに広く分布します。現在はいずれの地域においても野生での数を減らしていて、絶滅危惧種に指定されています。

図 1–11　アフリカサバンナゾウ（右）とマルミミゾウ（左）。サバンナゾウとマルミミゾウの一番の違いは、その大きさで、サバンナゾウのほうが巨大だ。また、牙はマルミミゾウのほうが真っ直ぐで、硬い。絵：福永年博氏

サバンナゾウ

次にサバンナゾウ（*Loxodonta africana*）です。*Loxodonta* 属もやはり八〇〇万年前にアフリカで誕生しました。以来この属はアフリカから出ることはありませんでした。この属のうち現在も生き延びているのがサバンナゾウとマルミミゾウ（*Loxodonta cyclotis*）です（図 1－11）。

サバンナゾウは遠くから見ても迫力満点！　現生ゾウの中で最大のゾウです。背中は馬の背中のように前足の付け根と後ろ足の付け根部分が高く、背の真ん中あたりは凹んでい

ます。そして正面から見たときも大迫力です。というのも、耳が顔と同じくらい、あるいはそれ以上の大きさがあるので、とっても大きく見えるのです。鼻もアジアゾウより太く、オスもメスも長い牙を持っています。

性別による体格の違いはサバンナゾウにおいても顕著です。メスでも十分に体は大きく、体重が五トンになる個体もいますが、オスはその比ではありません。なかには七トンを超える個体もいます。アジアゾウ同様、オスのほうが頭でっかちなのも特徴的です。さらに、サバンナゾウは頭頂部の形にも違いが見られ、オスはなめらかですが、メスのほうが角ばっています。

よく「アフリカゾウ（サバンナゾウを指すのだと思います）はアジアゾウと比べると気性が荒くて危険だ」という話を聞くことがありました。事実がどうであれ、少なくともこの言い回しの冒頭には「人に対して」というひと言をつけ足さなければならないと思います。アフリカゾウどうしの関わり方を見ると、決してそんなに暴力的ではないからです。子ゾウに対しては優しく接し、ゾウどうしのケンカも無意味なものはありません。

ではなぜこのような印象が広まっているのでしょう？　それはヒトがゾウを飼育してきた歴史にあるのではないでしょうか。アジアゾウは古くからヒトに馴致《じゅんち》され、共に暮らしてきた長い歴史があります。一方アフリカゾウに関しては、それほど訓練の知識の蓄積がないのではないでしょうか。個体ごとに見ると、サバンナゾウでも大人しく、よくヒトになついている個体もいれば、そうでない個体もいます。つまり馴致者との相性や、そのゾウの生まれ持った性格の問題なのでしょう。いずれにしても、気性の荒さや攻撃性に関して、種としてアジアゾウと違いがあるか、科学的な研究は、まだありません。

ところで、サバンナゾウとアジアゾウの間に子供が生まれたという話があります。「だから同じゾウなんじゃないの？」と言われたことがありますが、違います。たしかにサバンナゾウとアジアゾウの雑種がアメリカの動物園で生まれたという報告は存在します。ただし、その子供はすぐに死んでしまったそうです。また、雑種の子供が生まれても、その子供に繁殖能力がない場合や、実験室内で受精させることができても、野生では繁殖することがあり得ない場合（例：生息地がかけ離れている、夜行性・昼行性のように活動時間が違う）もあります。繁殖できたからと言って、それらの種が同種であると考えるのはまったくの誤りです。言うまでもなく核遺伝子を分析しても、サバンナゾウとアジアゾウはもちろん、サバンナゾウとマルミミゾウのいずれも、別種であると断定されています。

サバンナゾウはアフリカに広く分布し、おもにサバンナに生息します。かれらは象牙を目的に、しばしば密猟の対象となり、やはり絶滅危惧種に指定されています。一方で、保護地域の一部では数が増えすぎて、間引きが行なわれることもあるそうです。限られた空間でゾウの数を管理するのはとても大変なことなのです。

第三のゾウ、マルミミゾウ

さて、三種めの現生ゾウはマルミミゾウです。マルミミゾウはアフリカ大陸西部から中部にかけて、サバンナとジャングルの境界付近に生息しています。このゾウは全体的にはサバンナゾウとそっくりです。ただしサバンナゾウと比べると体はひと周り小さく、牙は短くて直線的です。ただ、マルミミゾウとサバンナゾウは野生でも雑種が存在し（ただし二種が交配したのは最近ではありません）、外見だけではどちらか判別するのが難しい場合が多いようです。日本国内でもマルミミゾウだと思っていた個体が、遺伝子を調べた結果はサバンナゾウだった、あるいはその逆のケースも報告されています。

マルミミゾウは小柄なため、捕獲後、訓練されて戦車として戦争に連れて行かれた時代もありました。たとえばローマ時代、ゾウは戦争の勝敗を分けていた存在でした。より多くのゾウを従えた軍隊は戦いに有利だったのです。相手はゾウの大きさに圧倒され、状況に興奮して大暴れするゾウを前に、なす術もなかったはずです。ちなみに、アジアゾウを戦場へ連れて行っていた歴史もあったようで、タイの観光地で開催されているエレファントショーでゾウに乗った戦士が戦う様子が披露されていました。それにしても、もともと好戦的な動物ではないゾウたちが、人間の身勝手な戦争の場へ連れて行かれ、命をかけて戦わされたことを思うと、とても心が痛みます。

マルミミゾウも、象牙を目的とした密猟の被害者です（コラム⑤参照）。マルミミゾウの牙は、サバンナゾウのものと比べると密度が高く、硬くなめらかで〝良質〟であるとされ、残念なことに、日本の伝統文化である三味線のバチの材料として重宝されているそうです。一本の牙からつくられるバチはひとつです。たったふたつのバチをつくるために、あの美しいゾウの命がひとつ奪われていることを、いったい、何人の日本人が知っているでしょうか？

第 2 章

愛情いっぱい！　ゾウの一生

ゾウは決して忘れない
愛も、友情も、そして裏切りも……

一　家族の絆

スリランカで野生ゾウを観察したとき、家族を本当に大切にしている様子に胸を打たれました。その様子は、健全な人間にもあるべき理想の家族像を教えてくれているようでした。この章ではそんな素敵なゾウの家族愛を紹介したいと思います。

肝っ玉母ちゃんとご近所づきあい

子ゾウにとって、母ゾウはとっても優しくて、時には厳しい絶対的な存在のようです。

群れの最小単位は母とその子。その絆は生涯つづく。

スリランカで野生ゾウを観察中、七歳くらいのやんちゃ盛りの子ゾウが、私たち研究者のほうへ近づこうとしました。その瞬間、母ゾウの長くて太い鼻がぴしっ！　と子ゾウを制止したのです。「こらぁ！　そっちに行ってはいけません！」そんなどなり声が聞こえてきそうでした。子ゾウは「うわぁ！　ごめんなさい！」とでも言っているかのように、「ピッピッ」と興奮した声を出し、すごすごと母ゾウの後ろへと退散しました。

ゾウの群れは母系家族です。母ゾウとその子供がひとつの群れ単位を構成し、母ゾウの姉妹、祖母、あるいは仲の良い友だちの群れと合流して過ごします。食糧が豊富な雨季には大きな群れで生活し、食糧をめぐる争いが起きやすい乾季には小さな群れで生活します。また子供がケガをして周りに迷惑をかけそうなときなどは、自ら群れを離れ、最小単位、つまり母子だけで生活することもあるようです。群れが進む方向も、どの群れと合流するか、またいつ群れから離れるかも、すべてリーダーの母ゾウが決めます。大きな群れで移動するときは、その群れの最高齢のメスがリーダーとなり、群れを統率します。このリーダーの座は争わず、暗黙の了解で決められます（むしろ、誰に従おうと各母ゾウの自由といった雰囲気があります）。群れのリーダーとなったゾウはその群れを守るため、それまでに得た知識と、刻一刻と変化する状況を照らし合わせて最適な判断を下すのです。

より年配のメスほど良いリーダーになるという事実について、初めて実験的に明らかにしたのは、二〇一一年のカレン・マッコム氏らによる研究です。マッコム氏らは、リーダーメスの年齢によって、ライオンに対する群れの警戒行動に違いが出るかを調べました。ライオンに出くわしたとき、ゾウの群れの行動パターンは、①耳を立ててライオンのいる方向の音を注意深く聞く、②思い思いに過ごしていた群れのメンバーが集まってくる、③リーダーメスがライオンのいる方向を調べに行くなどがあります。これらの行動について、リーダーメスが四〇歳以下、四一歳から五〇歳、五一歳から六〇歳、六一歳以上の群れ間で違いが見られるか比較したのです。

実験はケニアのアンボセリ国立公園に暮らす三九の群れを対象に実施されました。もちろん、本物のライオンを連れて行くわけにはいかないので、代わりに、ライオンのうなり声をスピーカーから再生しました。警戒行動はメスライオン一頭だけの場合vsメスライオン三頭の場合、オスライオン一頭の場合vsオスライオン三頭の場合、メスライオンvsオスライオンの場合で比較されました。その結果、どの群れにおいても、一頭のライオンよりも三頭のライオンが警戒されました。リーダーメスの年齢によって違いが出たのはライオンの性別に対する反応です。より年配のリーダーメスが率いる群れのほうが、オスライオンに対して、より強い警戒行動を群れに取らせました。ライオンは普段メスがおもに狩りをしますが、アフリカゾウや水牛のように大きな獲物を相手にするときには、オスライオンが主戦力となります。つまり、ライオンに対して、警戒行動はもちろん取らなければなりませんが、相手がオスライオンのときには、さらなる警戒が必要だということは、年配のメスのほうがよく知っているという結果になりました。

また、スリランカで野生ゾウを観察していたとき、群れによって健康状態がどうやら違うようだということに気がつきました。同じ国立公園内に暮らすゾウたちでも、ある群れのゾウはなんだか痩せていてあまり元気がないようなものが多い一方で、ほかの群れはどのゾウもお肌もぴちぴちしていて動きが活発で、健康そのものでした。群れの間で、このような違いが出るのは、もしかしたら、その群れのリーダーメスの器量によるのかもしれません。

ヒトやシャチなどでもそうですが、ゾウの社会でも、繁殖が終わった年配のメスには群れの中で重要な役割があるのです。「おばあちゃんの知恵袋」はゾウたちにとっても、生きるうえで、とても大切なヒントになっているようです。

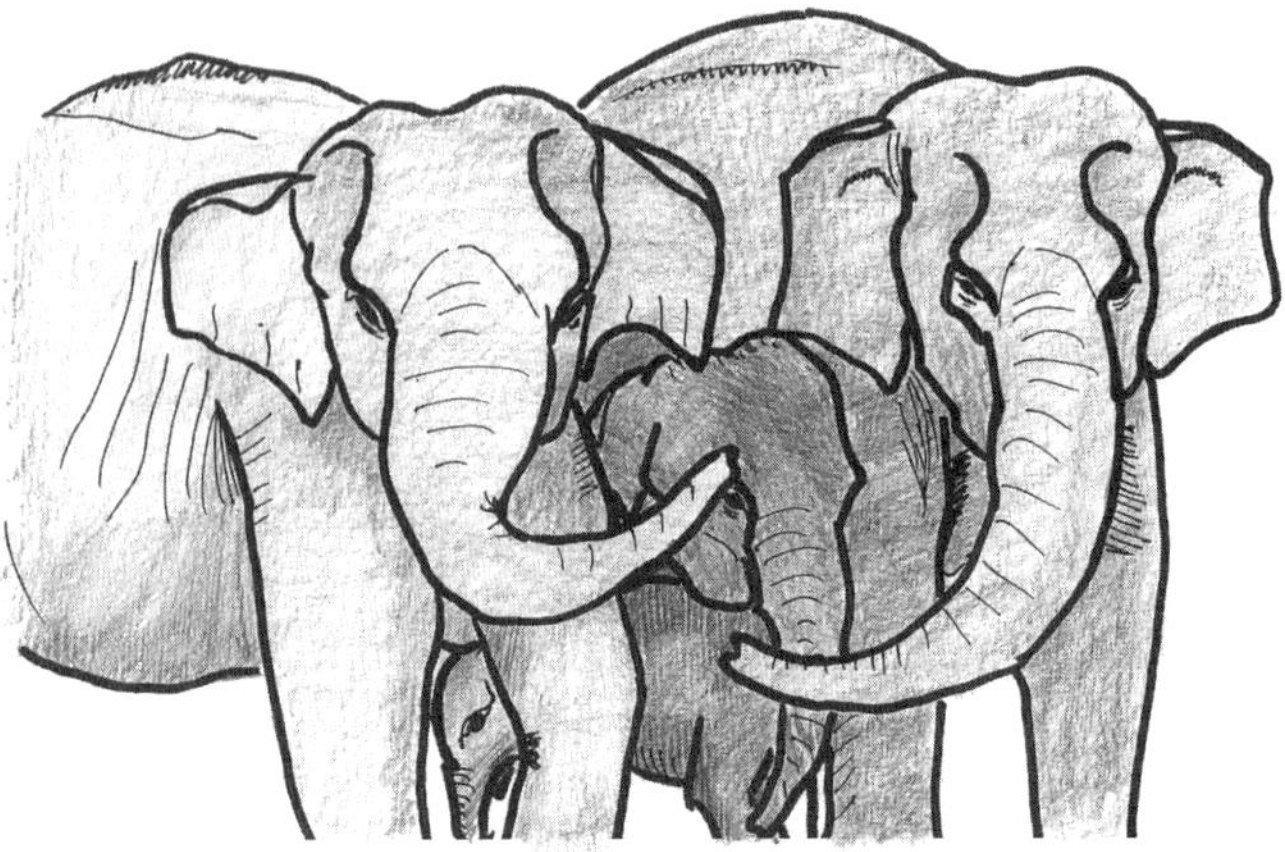

図 2-1　ゾウの応戦フォーメーション。ゾウの家族は、協力して生活する。危険を察知すると、群れのみんなで幼い子供を守る態勢をとる。絵：野口忠孝氏

兄弟姉妹関係

スリランカで出会った野生ゾウは、三頭以上の群れに観察者が近づくと、ゾウたちは決まった「応戦フォーメーション」をとっていました（図2－1）。怖い顔をした母ゾウの横にぴったりくっつく末っ子ゾウ、末っ子を挟むように立つ若いゾウ、そして観察者に向けて耳をめいっぱい広げて威嚇体勢をとる若いメスゾウ。おそらく威嚇しているのが長女、母ゾウと協力して末っ子を守っているのが次女、あるいはまだ家族と過ごしている息子、そして末っ子はただただ守られているという感じでした。母ゾウも「それ以上近づいてきたらいけないよ」という気迫の表情を浮かべていますが、片時も末っ子のそばを離れず、

「いつでも攻撃するよ！」の段階まで興奮しているのは、もう一二歳程度にまで成長した長女であることが多かったように思います。このフォーメーションは敵から群れ全体を守るのに最適であり、いつでも瞬時に、まるで打ち合わせをしてあるかのように、的確に形成されました。

普段のんびりしたときには、群れの中の同年代の子ゾウどうしが、じゃれて遊ぶ様子がしばしば観察されました。年の近いきょうだいで遊ぶ様子もよく見られました。

また、ほかの群れと合流したときには、母親どうしが挨拶を交わす間に、子供どうしは追いかけっこをしたり、水遊びをしたり、という具合に人間さながらの風景です。この子供たちが成長したときには、きっと母親と同じように「久しぶりね。お元気？」と挨拶を交わし、時にはしばらく行動を共にするということもあるでしょう。ゾウの交友関係は、世代を超えて受けつがれるのです。

息子の独立

息子は性成熟する一五歳程度になると、群れを去ります。ゾウはその年齢になると「ムスト」と呼ばれる性周期を迎えます。ムストのオスは、側頭腺から分泌液が流れ出て、尿も垂れ流しとなります。一度、側頭腺の分泌液の臭いを嗅がせてもらったことがありますが、それはもう強烈でした。そして、この期間中は手をつけられないほど攻撃的になります。おそらく最初のムストと息子の独立の時期には関係があり、最初のムストをきっかけに群れと距離ができ始めるのだと考えられます。

オスは群れを出るとお嫁さん探しを始めるのですが、その前に、ほかのオスと小さなグループ（二〜三頭）を形成します。家族を離れたばかりの若いオスは、グループの年長者から生活指導を受けて自立していくのです。ケンカごっこをして体を鍛えたり、水場や食物のありかなどを教わるのです。そして、年長者がいると、若いオスのムストが抑制されるという報告もあります。

ある村で、いつも畑や村を襲撃する決まったオスゾウがいたので、彼を捕獲して、離れた国立公園に移入するという政策がとられました。すると、その〝暴れゾウ〟がいなくなったとたん、地域にいたほかのオスゾウのムストが強まり、新たな〝暴れゾウ〟が誕生してしまったということです。このような〝暴れゾウ〟が、現地で暮らす人々の安全を脅かす存在であることは確かです。電柵を巡らせたり、問題となっているゾウを移送したり、さまざまな対策が施行されていますが、どれも問題を解決するにいたっていません。行動研究は、生態学的観測とともに、ヒトとゾウの軋轢《あつれき》問題に効果的な解決策を打ち出すうえでも、とても重要です。

ここで、「オスは単独行動をするものだ」という考えをしばしば耳にします。果たしてそうでしょうか？　先に述べたようにオスは小さなグループを形成して移動し、また繁殖中は相手のメスの群れと行動を共にします。また、自分の子供がいる群れを再度訪れる様子も報告されています。さらにゾウは、数キロメートル離れた遠方個体と音声でコミュニケーションをとることも知られています（第4章参照）。完全にひとりぼっちになるときは、ほとんどないと言えるでしょう。以上のことから、オスゾウも単独で暮らしているとは言えず、メスと違ったオス特有の社会を形成していると考えられるのではないでしょうか。また、野生のアジアゾウのオスが、メスの群れをトラから守るように導いている様子が観察され、テレビで放映されたのを見たこともあります。オスのように少数単位で広範囲を移動する個体を追跡調査する困難から、オスゾウの行動研究はあまり進んでいません。オスゾウの暮らし方が明らかになるのは、まだ先のことになりそうです。

箱入り娘

ゾウの結婚には人間同様、やはりお母さんが深く絡んできます。オスが群れに近づき、娘に興味を示したとします。もし娘がまだ若く、たとえば一〇歳程度で、相手のオスもまだまだ半人前なら、母ゾウは「まだ娘には早いわ」とオスを追い払ってしまいます。しかし娘が一五歳、オスも母ゾウのおめがねにかなう強いオスだったなら、交尾は認められ成立します。このとき群れ全体でお祝いのセレモニーを行うそうです。みんなで娘を囲い、「ブルルルルウ」とランブル（低く咽喉を鳴らす声）でお祝いするのです。

二　家族を超えた仲間との絆

群れを形成するゾウが必ずしも血縁関係にないということは、とても興味深いことです。血縁関係にある個体どうしが助け合うことは、血縁淘汰の考え方――つまり、自分と共通の遺伝子を持つ個体を助けることは結果的に自分の血筋を守ることにつながる――からも当然のことと言えます。しかし、ゾウの場合は血縁関係になくても、顔見知りだったり、世代を超えてずっと仲良くしてきた群れとも、助け合って生活する様子が報告されています。これもまた、人間社会における町内会やご近所付き合いのようですね。ゾウは仲間を大切にする生き物なのです。

ゾウの同情心

「同情する」とは、他人の気持ちを察し、それに共感し、相手が何を求めているかを把握することです。私たちは映画を見ただけで主人公の気持ちに共感し、涙を流したりします。また日常的に相手の気持ちを考えて行動しています。家族に食事を用意するときには、「今日は大事な会議があって疲れているだろうな。何を食べたら元気になるかな？」と考えたり、あるいは、友人に何か贈り物をするときには、相手の近況を思い、もらったらきっと喜ぶと思うものを選びます。相手の気持ちを把握できる能力は、複雑な社会に暮らす私たちヒトをはじめ、ほかの霊長類やゾウでも適応的だと考えられます。残念ながら、この同情心について、ヒト以外の動物において研究は進んでいるとはいえませんが、ゾウについて過去三五年間の観察事例をまとめた論文が二〇〇八年に発表されました。

著者のルーシー・ベイツ氏らは、ケニアのアンボセリ国立公園に蓄積された観察データから、同情心と関わると考えられるものを集めて分析しました。その結果、七種類の行動が浮かび上がってきたのです。

　まずひとつは、協力して他個体へ攻撃する行動です。この攻撃行動は一七事例報告がありましたが、関わったのは必ずおとなのゾウだけでした。おとなのゾウどうしが協力して、見慣れないおとなのゾウへ攻撃や威嚇をするというものでした。子供に対しておとながグルになって攻撃するということも、子供どうしが協力して別の子供をいじめるということも観察されたことはないそうです。

　二つ目は擁護する行動です。この行動は二九事例報告されており、ほとんどの事例で擁護を受けたのは一歳に満たない幼い子ゾウでした。ほかの事例では、五歳の子ゾウと、ヒトに矢で射られてケガをしたおとなのゾウが擁護を受けていました。このケガをしたおとなのゾウがほかの群れのゾウからちょっかいを受けていたところを、仲間のゾウたちが追い払ったのです。子ゾウを擁護する行動には、子ゾウを狙うハイエナを追い払った、子ゾウどうしのケンカごっこを仲裁した、子ゾウが危険な水場に入ろうとするのを止めたなどが含まれます。先に紹介した、私たちがスリランカで出くわした事例（母ゾウが、観察者のほうに子ゾウが寄って行こうとしたのを制止した）もこの事例に分類されます。

　三つ目はなだめるという行動です。子ゾウが何か泣きわめいたときに、母ゾウやおとなのゾウがそっと子ゾウの体に寄り添ったり、鼻で優しく触れるのです。また時には、自分の子ではない子ゾウに乳を吸わせてやるという行動も見られます。優しく子供をなだめるというこうした行動は、じつに頻繁に観察されており、一二九事例の報告がありました。

四つ目が孤児や迷子の面倒をみるという行動です。母ゾウが何らかの原因で死んでしまった孤児を群れの別のメスが育てたり、あるいはまったく別の群れに一時的に保護されることもあります。ただし後者に関しては観察された六事例すべてにおいて、子ゾウは数週間で死んでしまいました。群れの別のメスに育てられた場合でも子ゾウが無事成長したのは六事例中二事例だけでした。突然現れた乳飲み子に、十分な乳を提供できなかったのかもしれません。また迷子になって時間が経ってしまい、子ゾウがすでに弱ってしまっていた事例もあります。しかし成功しなかったとしても、血のつながっていない子供を保護する行為はまぎれもなく同情心から生まれたのだと考えられます。迷子の九事例ではすべてにおいて母ゾウとの再会を果たしています。

五つ目が、はぐれてしまったわが子を取り返しに行くという行動で、二二事例報告されています。優位な群れが劣位な群れの子ゾウを誘拐するというショッキングな事例が三例報告されましたが、いずれの場合も母ゾウが子ゾウを取り返しに向かいました。また迷子になり、ほかの群れに保護されていたわが子を迎えに行った事例（六事例）なども含まれます。

六つ目が動作を補助する行動です（二八事例）。母ゾウが電柵を越えられない娘のために電柵を踏みつけ、娘のほうを向いたまま後ずさりして誘導した行動や、起き上がれない子ゾウを血縁のないおとなのオスゾウが助け起こす行動、また子ゾウが川や穴に落ちてしまったのを助けだす行動などが報告されています。私は、タイで、片目の視力を失ったゾウに出会いました。そのゾウの傍らには、いつも一頭のメスゾウが寄り添っていました。ゾウ使いの方のお話によると、「かれらには血のつながりはないけれど、小さいころからずっとああして仲良く暮らしているよ。目が見えない側にいつも立って、何かにぶつかったりしないように、守っているんだ」とのことでした。これらは、相手の立場にたって、自分が何をすれば相手の助けになることができるのか、正しく把握したうえでの、根気のいる行動だと言えます。

七つ目が異物を取り除いてあげるという行動です（三事例）。ひとつの事例では、オスゾウが、麻酔の矢を打たれた別のオスゾウからその矢を引き抜き、矢を捨てると、矢が刺さっていた箇所を鼻で繰り返し触れたそうです。その後射られたオスゾウを押して歩くのを補助していましたが、麻酔が効き倒れてしまうとその場を去りました。

いずれにおいても、ゾウが困っている個体の状況を理解し、相手の求める行動を起こした様子が報告されています。ゾウは、仲間と助け合って暮らす動物なのです。ゾウの目はとても優しい印象を受けますが、実際に、ゾウは仲間思いのとても優しい動物なのです。

死を悼む

これまでに、ゾウがいかに家族や友だちと力をあわせて生きているかを紹介してきました。ではそんな大切な仲間を失ったとき、死んでしまったとき、ゾウはそれを理解するのでしょうか。

動物が死を理解しているかどうかを判断するのは、簡単なことではありません。たとえば、忠犬ハチ公はどうでしょう。死んでしまった飼い主のことをいつまでも待ちつづけたハチの姿は、渋谷駅前で銅像にまでなっています。飼い主の死を理解していなかったのでしょうか？　それとも、もしかしたらハチは飼い主の死を理解しつつも、生き返るかもしれないという奇跡を信じて待っていたのかもしれませんし、「いつもここで待っていたなぁ」と思い出にふけっていたのかもしれません。

また、インドの寺院などに棲むハヌマンラングールの母親が、死んでしまったわが子がミイラになってもおぶって毛づくろいをつづける姿をテレビ番組で見たこともあります。母ザルはどのような思いだったのでしょう。やはり死んでしまったことを理解していないのか、あるいは死んでもなお、きれいに保ってやりたいと大切にしていたのかもしれません。それは故人をしのんで、お骨を守る立派なお墓を建てる私たちと同じ心境だったかもしれません。

私たちと近縁の種チンパンジーでも、母親が、死んだわが子を死後二七日間にわたって世話しつづけたという松沢哲郎氏の報告もあります。また、手話を習って人間とコミュニケーションをとることを学んだゴリラのココが、「ゴリラは死ぬとどうなるの?」という質問に対して、「苦しみのない世界。穴に落ちていく。そしてさよなら」と返答する様子を、テレビ番組で見たことがあります。それは、ココの死生観と言えるかもしれません。そして、水族館でペアで飼育されていたイルカのうちの片方が死んでしまうと、残されたイルカも、みるみる衰弱して間もなく死んでしまったという悲しい事例もあり、似たようなことは、たくさん報告されています。

死んだわが子を世話する様子は、ゾウでも目撃された例があります（図2-2）。また、ゾウが仲間の死骸や骨に対して不思議な行動をとることは、古くから知られていました。死骸を優しくなでて、草や土をかけてからその場を去る様子や、家族の骨を持ち歩いたり、仲間が死んだ場所に長い年月の間に繰り返し訪れるという話は逸話的に数多く存在します。子ゾウの亡骸《なきがら》を運び歩く母ゾウの姿も目撃されています。さらにゾウの「死の理解」については、きちんとした行動観察研究でもある程度明らかになっています。

カレン・マッコム氏らの報告によると、動物に見られる死骸への興味は限られたものとされているなか、ゾウの場合は、死骸や骨を、より注意深く調べる様子が確認され、さらにほかの動物の死骸よりもゾウの死骸に、より高い興味を示したそうです。また、ゾウの頭骨よりもゾウの牙に対し、より強い興味が示されました。ゾウは日ごろから挨拶するときなどに相手の牙に鼻で触れる行動が見られますが、おそらくゾウにとって牙は相手の象徴とも言える存在であり、そのためにとくに強い興味が示されたと考えられるそうです。ゾウが仲間の死に何かを感じていることは確かですが、ヒトのように「死を悼む」感情を持っているかは、現時点ではまだ証拠が示されていません。しかし、個人的には、かれらは確実に死を理解し、悲

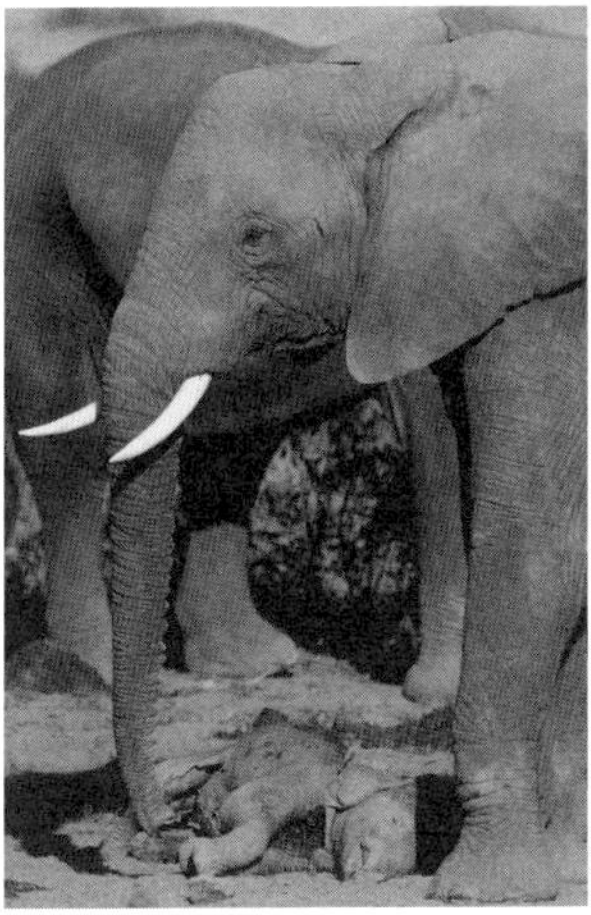

図 2-2 死んだ子ゾウを捕食者から守る母ゾウ。©Mary Evans/PPS通信社

しんでいると思います。ゾウだけでなく、ほかにも多くの動物が家族や大切な仲間をしのぶ気持ちを持っているはずです。

さて、余談ですが、「ゾウの墓場」が存在するという話をときどき耳にします。一箇所からゾウの死骸が多く発見されたために、ゾウが死ぬときにこの墓場にきて死ぬのだという噂《うわさ》が広まったものです。しかし、ゾウは死ぬとき、群れについていけずにはぐれてひとりで死んでいくか、仲間に見守られながら死ぬか、ヒトに殺されるか、いずれにしても場所は決まっていないようです。「ゾウの墓場」は自然にできたものではなく、密猟者が象牙を抜き取った死骸をまとめて放置した場所だとされています。

動物園で暮らすゾウの群れ

日本国内の動物園で飼育されるゾウの数は、少ない場合は一頭、多くても数頭である場合がほとんどです。さらに、かれらの多くは血縁関係になく、人間の都合でつくり上げられた群れです。一方、野生のゾウの群れは、親子を最小単位に、多くの場合は血縁に基づいた群れになっています。また、血縁関係にない個体どうしで群れを形成することもありますが、群れの結成や解散は、わりと柔軟に行われているようで、なかには、ふらりと群れから離れてしばらく親子で過ごしたあとに、また群れに戻るというような事例も報告されています。

さて、動物園のゾウたちは、そうはいきません。野生環境と比べると、物理的にもはるかに狭い環境で、群れのメンバーも選べません。ゾウたちは、それぞれの性格の違いなど、個性豊かな動物ですが、すると当然、相性の良し悪しも出てきます。いくつかの動物園では、ゾウどうしのそりが合わず、ケンカになってしまうという困った事例もありました。そうしたゾウたちの仲裁役は、やはり、飼育担当者の方々しかいません。たとえば仲間外れになってしまったゾウに寄り添い、うまく群れに戻れるように仕向けたり、限られた環境の中でも、ケンカ中のゾウが少しでも距離を保ってクールダウンできるように考えたり、飼育担当者の方にとっては、とても難しい問題だと思います。

じつは私の夫は、動物園でチンパンジーの飼育担当をしていました。ゾウではありませんが、チンパンジーもやはり複雑な社会を形成して暮らす動物です。夫がもっとも気をつけたのが、チンパンジーどうしの社会関係だそうです。日ごろからよく観察して、チンパンジーたちの社会関係を正しく把握して慎重にふるまい、それぞれのチンパンジーたちと深い信頼関係を築いたうえで、群れの一員とまではいかなくとも、チンパンジーたちにとって、困ったときには頼れる存在であるように努めていたそうです。たとえば、餌を手渡す順番、声をかける順番や声色、いっしょにあそぶ頻度など、それがチンパンジーどうしの関係を崩すきっかけにならないように、それぞれのチンパンジーの体調も鑑みながら、常に慎重に行動するのだとか。とても根気のいる大変な仕事ですが、人間が管理下においている責任として、少しでも快適に過ごしてもらえるようにと、努力を惜しまないそうです。

動物と飼育担当者との関係が、その動物の社会行動に影響を与えるという報告例が、チンパンジー、ゴリラ、そしてゾウでもあります。かれらはいずれも、群れを形成して暮らす動物で、それぞれの社会を持ちます。飼育担当者が担当動物と社会交渉を増やすことで、動物どうしの社会交渉が減少することなどが、報告されています。つまり、人間が入り込むことで、その群れの均衡を崩してしまうおそれがあると指摘されています。しかし、それは、その飼育下の群れが健全なものであるという条件が前提とされるべきです。そもそも人間が群れを強制的に形成するため、群れのメンバーを選択して形成していくという大切な社会交渉の第一段階が確保できないような飼育下の状況では、やはり飼育担当者が、群れの緩衝材として、重要な役割を果たせる場面も多いのではないかと思います。飼育下動物と飼育担当者との社会行動とその影響については、引きつづき検討していかなければならない問題のひとつだと思います。

KAGAKUDOJIN

化学同人　図書目録

2021年6月

＊印は2021年刊行の新刊書，価格は定価(10%税込)です

辞典・語学

最短ルートで迷子にならない！ 英語論文執筆講座　西山聖久 ・・・・・・・・ 2640円

化学史事典　化学史学会編 ・・・・・・・・・・・・・・・・・・・・・・・・・・・・・・ 24200円

一流ジャーナルから学ぶ科学英語論文の書き方　平田光男 ・・・・・・・・ 3850円

第2版 科学英語のセンスを磨く ―オリジナルペーパーに見られる表現
鈴木英次 ・・・・・・・・・・・・・・ 3850円

科学一般

＊アメリカン・ベースボール革命 ―データ・テクノロジーが野球の常識を変える
Lindbergh・Sawchik 著／岩崎晋也訳 ・・・・・・・・・・・ 3520円

＊ヒトはなぜ自殺するのか ―死に向かう心の科学　Bering／鈴木光太郎訳　2970円

空飛ぶヘビとアメンボロボット ―動物たちのスゴ技から生まれたテクノロジー
Fu／的場知之訳 ・・・・・・・・・・・・・・ 2640円

どうぶつおやこ図鑑　Säfström／井上　舞訳 ・・・・・・・・・・・・・・・・・・・ 1650円

イヌは何を考えているか ―脳科学が明らかにする動物の気持ち
Berns／野中香方子・西村美佐子訳 ・・・・・・・・・・・ 2640円

見て納得　おいしい料理のサイエンス
―いつもの味が生まれ変わる極上レシピ　杉山　文 ・・・・・・・・・・・ 2420円

ぶっ飛び！ 科学教室 ―科学オタクが贈る とっておきのネタと実験
Arney・Mould／藤崎百合訳 ・・・・・・・・・・・ 2090円

マンガでわかる！ 今日からドヤれる科学リテラシー講座
―教えて！ 夜子先生　くられ・くがほたる ・・・・・・・・・・・ 1540円

交響曲第6番「炭素物語」 ―地球と生命の進化を導く元素
Hazen／渡辺　正訳 ・・・・・・・・・・・ 2640円

いつになったら宇宙エレベーターで月に行けて、
３Ｄプリンターで臓器が作れるんだい！？　―気になる最先端テクノロジー10のゆくえ
Weinersmith・Weinersmith／中川　泉訳 ・・・・・・・・・・・ 3080円

なるほど最新スポーツ科学入門　伊東浩司・吉田孝久・青木和浩 編 ・・・・ 1760円

死を招くファッション ―服飾とテクノロジーの危険な関係
Matthews David／安部恵子訳 ・・・・・・・・・・・ 3850円

「森の演出家」がつなぐ森と人 ―五感を解き放つとっておきの自然体験
土屋一昭 ・・・・・・・・・・・ 1760円

食感をめぐるサイエンス ―味や香りだけではない，もう一つのおいしさを探る
Mouritsen・Styrbæk／石川伸一・萱島知子・島田良子・冨永美穂子・山下絵美・湯浅正洋訳 ・・ 4400円

大英自然史博物館 珍鳥標本盗難事件 ―なぜ美しい羽は狙われたのか
Johnson／矢野真千子訳 ・・・・・・・・・・・ 3080円

繰り返す天変地異 ―天体衝突と火山噴火に揺さぶられる地球の歴史
Rampino／小坂恵理訳 ・・・・・・・・・・ 2640円
人体，なんでそうなった？ ―余分な骨，使えない遺伝子，あえて危険を冒す脳
Lents／久保美代子訳 ・・・・・・・・・・・・・ 2640円
幸せをつかむ数式 ―数学が教える健康・お金・恋愛の成功法則
Fernandez／藤原多伽夫訳 ・・・・・・・・・・・・・ 1980円
生命の歴史は繰り返すのか？ ―進化の偶然と必然のナゾに実験で挑む
Losos／的場知之訳 ・・・・・・・・・・ 3080円
ヘンな名前の植物 ―ヘクソカズラは本当にくさいのか　藤井義晴 ・・・・・・・・ 1980円
きみの未来をさがしてみよう 化学のしごと図鑑　近畿化学協会編 ・・・・・・ 1650円
どうして心臓は動き続けるの？ ―生命をささえるタンパク質のなぞにせまる
大阪大学蛋白質研究所編 ・・・・・・・・・・ 2090円
13歳からの研究倫理 ―知っておこう！科学の世界のルール　大橋淳史 ・・・・ 1760円
元素生活 完全版　寄藤文平 ・・・・・・・・・・・・・・・・・・・・・・・・・・・・・・ 1540円
キリンの一撃 ―サヴァンナの動物たちが見せる進化のスゴ技
Grasset／鈴木光太郎訳 ・・・・・・・・・・・・・ 1760円
生命の再設計は可能か ―ゲノム編集が世界を激変させる
Parrington／野島　博訳 ・・・・・・・・・・・・・ 3960円
海について，あるいは巨大サメを追った一年
―ニシオンデンザメに魅せられて　Strøksnes／岩崎晋也訳 ・・・・・・・・・・ 2860円
毒物ずかん ―キュートであぶない毒キャラの世界へ　くられ・姫川たけお ・・・・・・ 1540円
宮沢賢治の元素図鑑 ―作品を彩る元素と鉱物　桜井　弘 ・・・・・・・・・・・・・ 1760円
時空のさざなみ ―重力波天文学の夜明け　Schilling／斉藤隆央訳 ・・・・・・・・ 3300円
星屑から生まれた世界 ―進化と元素をめぐる生命38億年史
McFarland／渡辺　正訳 ・・・・・・・・・・ 3080円
「スター・ウォーズ」を科学する ―徹底検証！フォースの正体から銀河間旅行まで
Brake・Chase／髙森郁哉訳 ・・・・・・・・・・ 2420円
探偵フレディの数学事件ファイル ―LA発 犯罪と恋をめぐる14のミステリー
Stein／藤原多伽夫訳 ・・・・・・・・・・ 2420円
ラボ・ガール ―植物と研究を愛した女性科学者の物語　Jahren／小坂恵理訳 ・・・・ 2860円
科学捜査ケースファイル ―難事件はいかにして解決されたか
McDermid／久保美代子訳 ・・・・・・・・・・・・・ 3520円
くすりをつくる研究者の仕事 ―薬のタネ探しから私たちに届くまで
京都大学大学院薬学研究科編 ・・・・・・・・・・ 2090円
カリカリベーコンはどうして美味しいにおいなの？
―食べ物・飲み物にまつわるカガクのギモン　Brunning／高橋秀依・夏苅英昭訳 ・ 1650円
はたらくしくみがマンガでわかる！ いでんしずかん　北村雄一 ・・・・ 1760円
世界一美しい数学塗り絵 ―宇宙の紋様
Bellos・Harriss／秋山　仁訳・解説 ・・・・・・・・・・・・・ 1540円
今度こそ理解できる！ シュレーディンガー方程式入門　榛葉　豊 ・・ 1980円
からだのしくみがまるごとわかる 人体シアターへようこそ！
Wicks／仁木めぐみ訳 ・・・・・・・・・・ 1980円
生から死へ，死から生へ ―生き物の葬儀屋たちの物語
Heinrich／桃木暁子訳 ・・・・・・・・・・ 2530円
未確認動物UMAを科学する ―モンスターはなぜ目撃され続けるのか
Loxton・Prothero／松浦俊輔訳 ・・・・・・・・・・ 4180円

レア　RARE ―希少金属の知っておきたい16話　Veronese／渡辺　正訳 ･････ 2200円
依存症の科学 ―いちばん身近なこころの病　岡本　卓・和田秀樹 ･････････････ 1540円
性倒錯者 ―だれもが秘める愛の逸脱　Bering／鈴木光太郎訳 ･･････････････････ 2640円
マンガで学ぶ動物倫理 ―わたしたちは動物とどうつきあえばよいのか
伊勢田哲治・なつたか ･･･････････ 1210円
数学まちがい大全集 ―誰もがみんなしくじっている！
Posamentier・Lehmann／堀江太郎訳 ･･･････････ 2640円
菌・カビを知る・防ぐ　60の知恵 ―プロ直伝！防菌・防カビの新常識
日本防菌防黴学会編 ･･･････････････ 1430円
脳を鍛える最強プログラム ―120パーセント頭を賢くする本
Buzanまえがき／Harriison・Hobbs／櫻井香織訳 ･･･････････ 2200円
わくわく脳力トレーニング帳 ―わくわく脳力トレーニング帳
Levy／櫻井香織訳 ･･･････････ 2200円
アインシュタイン vs. 量子力学 ―ミクロ世界の実在をめぐる熾烈な知的バトル
森田邦久 ･･･････････ 2860円
自然をまねる，世界が変わる ―バイオミミクリーが起こすイノベーション
Harman／小坂恵理訳 ･･･････････ 3300円
数字マニアック ―1～200の数に秘められたおもしろトリビア
Niederman／榛葉　豊訳 ･･･････････ 2420円
本当は間違っている心理学の話 ―50の俗説の正体を暴く
Lilienfeld・Lynn・Ruscio・Beyerstein／八田武志・戸田山和久・唐沢　穣監訳 ･････････ 3520円
アリたちとの大冒険 ―愛しのスーパーアリを追い求めて
Moffett／山岡亮平・秋野順治監訳 ･･･････････ 3520円

マニュアル書

* すぐにできる！双方向オンライン授業【試験・評価編】
―インターネットを活用した学習評価　福村裕史・河村一樹・後藤顕一編 ･････････ 2090円
すぐにできる！双方向オンライン授業 ―Zoom, Teams, Googleソフトを活用して，
質の高い講義と化学実験を実現　福村裕史・飯箸泰宏・後藤顕一 ･･････････････ 1980円
機器分析ハンドブック 1　有機・分光分析編
川﨑英也・中原佳夫・長谷川　健編 ･･････････････ 2420円
機器分析ハンドブック 2　高分子・分離分析編
床波志保・前田耕治・安川智之編 ･･････････････ 2200円
* 機器分析ハンドブック 3　固体・表面分析編
宗林由樹・辻　幸一・藤原　学・南　秀明編 ･･････････････ 2310円
ケーススタディでよくわかる学生とのコミュニケーション
―今日からできる！研究指導実践マニュアル　西澤幹雄 ･･･････････ 1980円
論文・学会発表に役立つ！研究者のためのIllustrator素材集
―素材アレンジで描画とデザインをマスターしよう！　田中佐代子 ･･･････････ 1980円
バイオ実験を安全に行うために　化学同人編集部編・日本生物工学会編集協力 1320円
誰も教えてくれなかった実験ノートの書き方
―研究を成功させるための秘訣　野島高彦 ･･････････････ 1320円
ぜったい成功する！はじめての学会発表
―たしかな研究成果をわかりやすく伝えるために　西澤幹雄 ･･････････････ 1540円
理系大学生活ハンドブック　原田　淳 ････････････････････ 1320円

実験を安全に行うために 第8版 化学同人編集部編 ……………… 880円
続 実験を安全に行うために 第4版 ―基本操作・基本測定編 化学同人編集部編 880円
はじめての研究生活マニュアル ―解消します！ 理系大学生の疑問と不安 西澤幹雄 ……………… 1320円
理系のための文章術入門 ―作文の初歩から，レポート，論文，プレゼン資料の書き方まで 西出利一 ……… 1980円
失敗から安全を学ぶ化学実験の心得 西脇永敏 ……………… 2200円
学生・研究者のための伝わる！ 学会ポスターのデザイン術 ―ポスター発表を成功に導くプレゼン手法 宮野公樹 ……………… 2090円
学生・研究者のための使える！ PowerPointスライドデザイン ―伝わるプレゼン 1つの原理と3つの技術 宮野公樹 ……………… 1980円
新人研究者・技術者のための安全のてびき ―現場で求められる知識と行動指針 (社)近畿化学協会安全研究会編著 ……………… 2200円
化学を学ぶ人のレポート・論文・発表マスターガイド 今田泰嗣・大嶋孝志・廣瀬敬治 ……………… 1980円
実験データを正しく扱うために 化学同人編集部編 ……………… 1650円
これだけは知っておきたい化学実験セーフティガイド 日本化学会編 ・2200円

一般化学・化学一般・環境化学

*楽しく学ぶ くらしの化学 ―生活に生かせる化学の知識 纐纈 守 … 1980円
「資質・能力」を育む高校化学 ―探究で変える授業実践 後藤顕一・飯田寛志・野内頼一・西原 寛・渡部智博編 ……………… 3300円
環境科学入門 第2版 ―地球と人類の未来のために 川合真一郎・張野宏也・山本義和 ……………… 2530円
化学系のための安全工学 ―実験におけるリスク回避のために 西山 豊・柳 日馨編著 ……………… 2200円
ライフサイエンスのための化学 安藤祥司・熊本栄一・坂本 寛・弟子丸正伸 …… 2750円
ベーシック化学 ―高校の化学から大学の化学へ 竹内敬人 ……………… 2640円
環境を学ぶための基礎化学 角 克宏 ……………… 2530円
フィンランド理科教科書 化学編 Aspholm／宇井久仁子訳／鈴木 誠監修 ……………… 2750円
大学で学ぶ化学 川瀬雅也・山川純次 ……………… 2200円
理工系の基礎化学 中村潤児・神原貴樹 ……………… 2640円
はじめて学ぶ化学 野島高彦 ……………… 2200円

物理化学

電気化学インピーダンス ―数式と計算で理解する基礎理論 城間 純／桑畑 進・松本 一監修 ……………… 6380円
現代物理化学 寺嶋正秀・馬場正昭・松本吉泰 ……………… 6050円
ボール物理化学（第2版）（上・下） Ball／田中一義・阿竹 徹監訳 ………… 上巻6050円・下巻5720円
ボール物理化学問題の解き方（第2版）（英語版） Woehl ………… 5500円
アト秒科学 ―1京分の1秒スケールの超高速現象を光で観測・制御する 大森賢治編著 4180円
クーパー 生物物理化学 ―生命現象への新しいアプローチ Cooper／有坂文雄訳 ……………… 3850円
はじめて学ぶ物理化学 枝元一之 ……………… 2530円

分析化学

失敗しない液クロ分析 ―試料前処理と溶離液作成のコツ　松下　至・大栗　毅・・2860円
ハリス分析化学（上・下）原著9版　Harris／宗林由樹監訳／岩元俊一訳　・上下各5720円

無機化学

演習で学ぶ無機化学 基礎の基礎　Almond・Spillma・Page／秋津貴城・佃　俊明訳 2860円
ペロブスカイト物質の科学 ―万能材料の構造と機能　Tilley／陰山　洋訳 8800円
無機化学の基礎　坪村太郎・川本達也・佃　俊明・・・・・・・・・・・・・・・・・・・3080円
入門　レアアースの化学　足立吟也・・・・・・・・・・・・・・・・・・・・・・・3520円
理工系基礎レクチャーシリーズ　無機化学　鵜沼英郎・尾形健明・・・・・・・・・・・3080円

有機化学

＊演習で学ぶ有機化学 基礎の基礎　Cook・Cranwell／新藤　充訳・・・・・・・2640円
＊有機化学1000本ノック　反応生成物編　矢野将文・・・・・・・・・2090円
有機化学1000本ノック　反応機構編　矢野将文・・・・・・・・・・・2970円
有機化学1000本ノック　立体化学編　矢野将文・・・・・・・・・・・1980円
有機化学1000本ノック　命名法編　矢野将文・・・・・・・・・・・・・1650円
大学院をめざす人のための 有機化学演習 ―基本問題と院試問題で実戦トレーニング!
東郷秀雄・・・・・・・・・・・・・3520円
困ったときの有機化学（第2版）（上・下）
Klein／竹内敬人・山口和夫・木原伸浩訳　・・・・・・・・上下各2970円
フロンティア軌道論で理解する有機化学　稲垣都士・池田博隆・山本　尚・・・・・3520円
最新有機合成法（第2版）―設計と戦略　Zweifel・Nantz・Somfai／檜山為次郎訳 7480円
スミス有機化学（第5版）（上・下）Smith／山本　尚・大嶌幸一郎監訳
大嶌幸一郎・高井和彦・忍久保　洋・依光英樹訳　・・・・・・・・上下各7150円
スミス有機化学 問題の解き方（第5版）（英語版）Smith　・・・・・・・・6600円
企業研究者たちの感動の瞬間 ―モノづくりに賭ける夢と情熱
有機合成化学協会+日本プロセス化学会編・・・・・・・・・・・・・3850円
ブルース有機化学（第7版）（上・下）Bruice／富岡　清ほか監訳・・・・・上下各7150円
ブルース有機化学 問題の解き方（第7版）（英語版）Bruice　・・・・・・・6600円
ブルース有機化学概説（第3版）Bruice／富岡　清ほか監訳・・・・・・・・・・・・・6050円
ボルハルト・ショアー現代有機化学（第8版）（上・下）Vollhardt・Schore
古賀憲司・野依良治・村橋俊一監訳／大嶌幸一郎・小田嶋和徳・小松満男・戸部義人訳・・上下各7150円
ボルハルト・ショアー現代有機化学 問題の解き方（第8版）（日本語版）・5170円
Schore／大嶌幸一郎ほか訳

工業化学・化学工学

＊ベーシック無機材料科学　辰巳砂昌弘・今中信人・・・・・・・・・・・・・・・・・・3300円
ベーシック化学工学　増補版　橋本健治・・・・・・・・・・・・・・・・・・・・・3300円
現代有機工業化学　神戸宣明・安田　誠編・・・・・・・・・・・・・・・・・・・・3960円
基礎式から学ぶ化学工学　伊東　章・・・・・・・・・・・・・・・・・・・・・・・3080円
ベーシック反応工学　太田口和久・・・・・・・・・・・・・・・・・・・・・・・・3960円
ビギナーズ化学工学　林　順一・堀河俊英　・・・・・・・・・・・・・・・・・・・2750円
ベーシック分離工学　伊東　章・・・・・・・・・・・・・・・・・・・・・・・・・4620円

高分子化学

はじめての高分子化学　井上祥平 …… 3080円
高分子を学ぼう ―高分子材料入門　横田健二 …… 2530円

薬　学

*現場で役に立つ！ 臨床医薬品化学　臨床医薬品化学研究会編 …… 4400円
薬学のための基礎化学　石川さと子・望月正隆 …… 1980円
革新的医薬品の科学 ―薬理・薬物動態・代謝・安全性から合成まで
Li・Johnson編／只野金一訳 …… 8800円
ベーシック創薬化学　赤路健一・林　良雄・津田裕子 …… 3300円
薬学生・薬剤師のためのがんの薬物治療学（第2版）　山田安彦編著 …… 3190円
薬学生・薬剤師のための薬剤面談トレーニング帳　門林宗男・前田初男編著 … 3960円
薬学生・薬剤師のための処方解析トレーニング帳　門林宗男・前田初男編著 … 3300円
薬学生のための計算実践トレーニング帳　前田初男編著 …… 2200円

【ベーシック薬学教科書シリーズ】
2 分析科学（第3版）　萩中　淳編 …… 5170円
3 物理化学（第2版）　石田寿昌編 …… 4400円
4 無機化学　青木　伸編 …… 3080円
5 有機化学（第2版）　夏苅英昭・高橋秀依編 …… 6600円
6 創薬科学・医薬化学　橘高敦史編 …… 5170円
7 生薬学・天然物化学（第2版）　吉川雅之編 …… 4620円
8 生化学　中西義信編 …… 4620円
10 免疫学（第2版）山元　弘編 …… 4400円
12 環　境　武田　健・太田　茂編 …… 4840円
14 機能形態学　玄番宗一編 …… 3850円
15 微生物学・感染症学（第2版）　塩田澄子・黒田照夫編 …… 5280円
16 薬理学　金子周司編　（改訂予定あり） …… 6820円
17 医薬品安全性学　漆谷徹郎編 …… 3960円
18 薬物動態学　橋田　充編 …… 3850円
19 薬物治療学（第2版）　平井みどり・三木知博編 …… 9020円
20 薬剤学（第2版）　北河修治編 …… 4180円
21 医薬品情報学（第2版）上村直樹・下平秀夫編 …… 4180円

[シリーズラインナップ]
1 薬学概論　小澤孝一郎編
11 健　康　武田　健・太田　茂編
9 ゲノム薬学　田沼靖一編
13 疾患病態学　森村欣吾編

生物科学

*エッセンシャル遺伝学・ゲノム科学（原著第7版）
Hartl／中村千春・岡田清孝監訳 …… 9240円
ブラウン生化学　Brown／新井洋由監訳 …… 6600円
マッキー生化学（第6版）　―分子から解き明かす生命
McKee・McKee／市川　厚監修／福岡伸一監訳 …… 8140円

マッキー生化学 問題の解き方（第6版） McKee・McKee・Sehorn
福岡伸一監訳／有井康博・川島　麗・小林謙一訳 ・・・・・・・・・・・・ 2200円
バイオサイエンスのための数学超入門講座
Bryson・Willis 著／平　大輔・岡　拓二・大嶋康裕訳 ・・・・・・・・・・・・ 2750円
ビギナーズ生物学 太田安隆・髙松信彦 ・・・・・・・・・・・・・・・・・・・・・・ 2860円
ビジュアルバイオテクノロジー Dehlinger／福井希一・内山 進・松田史生監訳 4180円
みんなの生命科学 北口 哲也・塚原伸治・坪井貴司・前川文彦 ・・・・・・・・・・・ 3080円
膜タンパク質構造研究 岩田　想編 ・・・・・・・・・・・・・・・・・・・・・・・ 5280円
プロッパー細胞生物学 —細胞の基本原理を学ぶ Plopper／中山和久監訳 ・・・・ 7150円
ひらく，ひらく「バイオの世界」 —14歳からの生物工学入門
日本生物工学会編 ・・・・・・・・・・・・・ 2090円
構造生物学 Liljasほか／田中　勲・三木邦夫訳 ・・・・・・・・・・・・・・・・・・ 11000円
形質転換プロトコール《植物編》 田部井　豊編 ・・・・・・・・・・・・・・ 6600円

生活科学

＊食と栄養を学ぶための生物学 堀田久子・池　晶子・塚元葉子（近日刊行予定） ・・・ 2420円
食と栄養を学ぶための化学 有井康博・川畑球一・升井洋至・吉岡泰淳 ・・・・・・・・・ 2420円
時間栄養学 —時計遺伝子，体内時計，食生活をつなぐ 柴田重信編 ・・・・・・・・・・ 6050円
おいしく作り，味わうためのクッキング おいしい調理のデザイン研究会編 ・・・・ 2420円
栄養士・管理栄養士をめざす人の基礎トレーニングドリル
小野廣紀・日比野久美子・吉澤みな子 ・・・・・・・・・ 1980円
栄養士・管理栄養士をめざす人の調理・献立作成の基礎 坂本裕子・森　美奈子編 1650円
わかる統計学 —健康・栄養を学ぶために 松村康弘・浅川雅美 ・・・・・・・・・・・・ 2420円
栄養カウンセリング論 赤松利恵・永井成美 ・・・・・・・・・・・・・・・・・・・ 1980円
合格ラインに到達する 管理栄養士国家試験対策
—苦手分野を克服して得点アップ 管理栄養士国家試験研究会編 ・・・・・・・・・・・・ 3520円
栄養ケア・マネジメント論 —経済学からみた栄養管理 福井富穂編著 ・・・ 3080円
子どもの病気 栄養管理・栄養指導ハンドブック
伊藤善也・武田英二編著 ・・・・・・・・・・・・ 8800円
管理栄養士国家試験に合格するためのカタカナ語辞典 天野信子・山本良一 2420円
図解 栄養士・管理栄養士をめざす人の文章術ハンドブック
—ノート，レポート，手紙・メールから，履歴書・エントリーシート，卒論まで 西川真理子 ・・・ 1980円

看護

＊看護系で役立つ 化学の基本（第2版） 有本淳一 ・・・・・・・・・・・・・・・・・ 1540円
看護系で役立つ 生物の基本 有本淳一・西沢いづみ ・・・・・・・・・・・・・・・・ 1760円

DOJIN ACADEMIC SERIES

► 注目すべき化学の分野の基本的概念と応用を体系的に解説した専門書のシリーズ

1 炭素学 —基礎物性から応用展開まで 田中一義・東原秀和・篠原久典編 ・・・・・・ 13200円
4 分子エレクトロニクスの基礎 —有機伝導体の電子論から応用まで
森　健彦 ・・・・・・・・・・・・・ 10450円
6 現代質量分析学 —基礎原理から応用研究まで
高山光男・早川滋雄・瀧浪欣彦・和田 芳直編 ・・・・・・・・・・・・・ 11000円

8 アルカロイドの科学 ―生物活性を生みだす物質の探索から創薬の実際まで
高山廣光編 ……………… 12100円

9 光化学フロンティア ―未来材料を生む有機光化学の基礎
水野一彦・宮坂 博編著・池田 浩編 ……………… 9680円

10 抗酸化の科学 ―酸化ストレスのしくみ・評価法・予防医学への展開
大倉一郎・小澤俊彦・河野雅弘編著 ……………… 8140円

DOJIN BIOSCIENCE SERIES

▶ 生命科学の進展著しい分野からテーマを厳選し，体系だった知識を基礎から学べる専門書

01 化学受容の科学 ―匂い・味・フェロモン 分子から行動まで 東原和成編 ・6160円
02 時間生物学 海老原史樹文・吉村 崇編 ……………… 5280円
03 がん増殖と悪性化の分子機構 宮澤恵二・伊東 進編 ……………… 6380円
04 オートファジー ―タンパク質分解による細胞制御 水島 昇・吉森 保編 ・・5500円
05 生命システム工学 ―進化分子工学から進化生命工学へ 田口精一編 ・・・5280円
06 アストロバイオロジー ―宇宙に生命の起源を求めて 山岸明彦編 ・・・・7590円
07 脳の発生学 ―ニューロンの誕生・分化・回路形成 宮田卓樹・山本亘彦編 ・・・5940円
09 酵母の生命科学と生物工学 ―産業応用から基礎科学へ
原島 俊・髙木博史編 ……………… 6160円
10 揺らぎ・ダイナミクスと生体機能 ―物理化学的視点から見た生体分子
寺嶋正秀編 ……………… 8250円
11 染色体と細胞核のダイナミクス ―DNAを操る細胞の仕組み
平岡 泰・原口徳子編 ……………… 5280円
12 エピジェネティクス ―その分子機構から高次生命機能まで
田嶋正二編 ……………… 6600円
13 動植物の受精学 ―共通機構と多様性 澤田 均編 ……………… 7700円
15 進化を続ける構造生物学 ―新たなタンパク質機能の解明と創出
松島正明・伊中浩治編 ……………… 4950円
16 原生生物フロンティア ―その生物学と工学 洲崎敏伸編 ……………… 4950円
17 1分子生物学 原田慶恵・石渡信一編 ……………… 6710円
18 生体膜の分子機構 ―リピッドワールドが先導する生命科学 梅田真郷編 ・6160円
19 光合成のエネルギー変換と物質変換 ―人工光合成をめざして
杉浦美羽・伊藤 繁・南後 守編 ……………… 6600円
20 分子脳科学 ―分子から脳機能と心に迫る 三品昌美編 ……………… 6930円
21 メカノバイオロジー ―細胞が力を感じ応答する仕組み 曽我部正博編 ・・8250円
22 がんの分子イメージング 浦野泰照編 ……………… 6930円
23 ゲノムを司るインターメア ―非コードDNAの新たな展開 小林武彦編 6160円
24 メンブレントラフィック ―膜・小胞による細胞内輸送ネットワーク
福田光則・吉森 保編 ……………… 5940円
25 ノンコーディングRNA ―RNA分子の全体像を俯瞰する 廣瀬哲郎・泊 幸秀編 8470円
27 共生微生物 ―生物と密接に関わるミクロな生命体 大野博司編 ……………… 6600円
28 脳神経化学 ―脳はいま化学の言葉でどこまで語れるか 森 泰生・尾藤晴彦編 ・8470円
29 医療応用をめざすゲノム編集 ―最新動向から技術・倫理的課題まで
真下知士・金田安史編 ……………… 6050円
30 定量生物学 ―生命現象を定量的に理解するために 小林徹也編 ……………… 6380円

32 進化するがん創薬 ―がん科学と薬物療法の最前線 清宮啓之編 ……8800円
33 細胞死 ―その分子機構，生理機能，病態制御 三浦正幸・清水重臣編 ……5280円
34 シングルセル解析でなにがわかるか 竹山春子・細川正人編 ……6050円

以下続刊（書名は仮題）
35 血管・リンパ管の機能制御と疾患メカニズム

CSJカレントレビュー

►日本化学会編集の新しいスタイルの総説集　※すべて日本化学会編

01 驚異のソフトマテリアル ―最新の機能性ゲル研究 ……4180円
04 新しい局面を迎えた界面の分子科学 ―機能デザインと計測技術の展開 ……4180円
05 不活性結合・不活性分子の活性化 ―革新的な分子変換反応の開拓 ……4180円
06 核酸化学のニュートレンド ―DNA・RNAの新たな可能性を拓く ……4180円
07 高分子と光が織りなす新機能・新物性 ―光機能性高分子材料の新展開 ……4180円
08 巨大分子系の計算化学 ―超大型計算機時代の理論化学の新展開 ……4180円
09 金属および半導体ナノ粒子の科学 ―新しいナノ材料の機能性と応用展開 ……4180円
10 ここまで進んだバイオセンシング・イメージング ―1分子から細胞，脳まで ……4180円
11 未来を拓く元素戦略 ―持続可能な社会を実現する化学 ……4180円
12 未来材料を創出するπ電子系の科学 ―新しい合成・構造・機能化研究 4180円
13 キラル化学 ―その起源から最新のキラル材料研究まで ……4180円
14 放射光が拓く化学の現在と未来 ―物質科学にイノベーションをもたらす光 4180円
16 スピン化学が拓く分子磁性の新展開 ―設計から機能化まで ……4180円
17 極限環境の生体分子 ―過酷な環境下での機能を科学する ……4180円
18 強光子場の化学 ―分子の超高速ダイナミクス ……4620円
19 生物活性分子のケミカルバイオロジー ―標的同定と作用機構 ……4620円
20 精密重合が拓く高分子合成 ―高度な制御と進む実用化 ……4620円
21 活性酸素・フリーラジカルの科学 ―計測技術の新展開と広がる応用 ……4620円
22 有機分子触媒の化学 ―モノづくりのパラダイムシフト ……4620円
23 先端計測 ―研究を支える機器開発 ……4620円
24 医療・診断・創薬の化学 ―医療分野に挑む革新的な化学技術 ……4620円
25 二次元物質の科学 ―グラフェンなどの分子シートが生み出す新世界 ……4620円
26 分子マシンの科学 ―分子の動きとその機能を見る ……4620円
27 天然有機化合物の全合成 ―独創的なものづくりの反応と戦略 ……4620円
28 持続可能性社会を拓くバイオミメティクス ―生物学と工学が築く材料科学 4620円
29 構造制御による革新的ソフトマテリアル創成 ―ブロック共重合体の精密階層制御・解析・機能化 ……4620円
30 生命機能に迫る分子化学 ―生命分子を真似る，飾る，超える ……4620円
31 分子アーキテクトニクス ―単分子技術が拓く新たな機能 ……4620円
32 プラズモンと光圧が導くナノ物質科学 ―ナノ空間に閉じ込めた光で物質を制御する ……4620円

33 超分子ポリマー ―超分子·自己組織化の基礎から先端材料への応用まで ・・・・・4620円
34 持続可能社会をつくるバイオプラスチック
―バイオマス材料と生分解性機能の実用化と普及へ向けて ・・・・・・・・・・・・・・4620円
35 有機·無機材料の相転移ダイナミクス
―数理から未来のマテリアル開発まで ・・・・・・・・・・・・・・4620円
36 生体分子反応を制御する ―化学的手法による機構と反応場の解明 ・・・・4620円
37 高機能性金属錯体が拓く触媒科学
―革新的分子変換反応の創出をめざして ・・・・・・・・・・・・・・4620円
38 光エネルギー変換における分子触媒の新展開
―天然光合成を凌駕する反応系の構築を目指して ・・・・・・・・・・・・・・4620円
*39 生体分子と疾患 ―健康を化学する ・・・・・・・・・・・・・・・・・・・・・・・・・・・・・・・・・4620円
*40 未来を拓く多彩な色素材料
―エレクトロニクスから医科学にまで広がる色素の世界 ・・・・・・・・・・・・・・4620円

以下続刊 (書名は仮題, 予価4620円)
41 核酸化学

化学はじめの一歩シリーズ

► 高校化学と大学化学をつなぐ教科書シリーズ

化学基礎 北條博彦・渡辺 正・・・・・・・・・・・・・・・・・・・・・・・・・・・・・・・・・・・・・2420円
物理化学 真船文隆・渡辺 正・・・・・・・・・・・・・・・・・・・・・・・・・・・・・・・・・・・・・2530円
分析化学 角田欣一・渡辺 正・・・・・・・・・・・・・・・・・・・・・・・・・・・・・・・・・・・・・2640円
有機化学 工藤一秋・渡辺 正・・・・・・・・・・・・・・・・・・・・・・・・・・・・・・・・・・・・・2750円
無機化学 鍵 裕之・宮村一夫・渡辺 正 ・・・・・・・・・・・・・・・・・・・・・・・・・・・・・・・未刊

Chemistry Primer Series

01 X線結晶学入門 Clegg/大場 茂訳 ・・・・・・・・・・・・・・・・・・・・・・・・2750円
02 NMR入門 ―必須ツール 基礎の基礎 Hore/岩下 孝・大井 高・楠見武徳訳 ・・2750円
03 演習で学ぶ科学のための数学 Sivia・Rawlings/山本雅博・加納健司訳 ・3300円
04 フレッシュマンのための化学結合論(第2版) Winter/西本吉助・岩崎光伸訳 2640円

化学の基本シリーズ

① 一般化学 河野淳也 ・・・・・・・・・・・・・・・・・・・・・・・・・・・・・・・・・・・・・・・2640円
② 有機化学 久保拓也・細矢 憲・・・・・・・・・・・・・・・・・・・・・・・・・・・・・・・・・・・2420円
③ 物理化学 安藤耕司・中井浩巳・・・・・・・・・・・・・・・・・・・・・・・・・・・・・・・・・・・3190円

基礎生物学テキストシリーズ

►「生物学が面白い!」と実感できる入門教科書シリーズ

1 遺伝学 中村千春編著 ・・・・・・・・・・・・・・・・・・・・・・・・・・・・・・・・・・・・・・3740円
2 分子生物学 深見泰夫編著・・・・・・・・・・・・・・・・・・・・・・・・・・・・・・・・・・・・3850円
4 微生物学 青木健次編著 ・・・・・・・・・・・・・・・・・・・・・・・・・・・・・・・・・・・・・3520円

⑤ 発生生物学 村井耕二編著 …………………………… 3300円
⑦ 植物生理学(第2版) 三村徹郎・深城英弘・鶴見誠二編著 ………… 3740円
⑧ 生態学 武田義明編著 ………………………………… 2860円
⑨ 生物統計学 向井文雄編著 …………………………… 3520円
⑩ 遺伝子工学 近藤昭彦・芝崎誠司編著 …………………… 4180円

以下続刊
③ 生化学 山形裕士編著 ⑥ 動物生理学 竹田真木生・竹村明洋編著

≪基礎固め≫シリーズ ▶高校から大学の講義への橋渡しに最適！

≪基礎固め≫ 数学 大竹真一 ……………………………… 1980円
≪基礎固め≫ 生物 松村瑛子・安田正秀 ……………………… 1980円
≪基礎固め≫ 物理(第2版) 澤田 肇 ……………………… 2200円
≪基礎固め≫ 化学(第2版) 小島一光 ……………………… 2090円

大学への橋渡しシリーズ

▶ 高校での知識を前提としない入門テキスト

大学への橋渡し一般化学 芝原寛泰・斉藤正治 ……………… 2200円
大学への橋渡し有機化学 宮本真敏・斉藤正治 ……………… 2420円
大学への橋渡し生化学 功刀 滋・斉藤正治 ………………… 2420円

知のナビゲータ DOJIN選書

▶ 知的興奮を味わいながら，誰もが楽しめる読み物シリーズ

73 ドローンが拓く未来の空 ―飛行のしくみを知り安全に利用する 鈴木真二 1870円
75 アリ！なんであんたはそうなのか ―フェロモンで読み解くアリの生き方 尾崎まみこ ……………… 1650円
76 100年後の世界 ―SF映画から考えるテクノロジーと社会の未来 鈴木貴之 ・2200円
77 生物多様性の謎に迫る ―「種分化」から探る新しい種の誕生のしくみ 寺井洋平 ……………… 1760円
78 単位は進化する ―究極の精度をめざして 安田正美 ……………… 1870円
80 AI社会の歩き方 ―人工知能とどう付き合うか 江間有沙 …………… 2200円
81 「かわいい」のちから ―実験で探るその心理 入戸野 宏 ………… 2090円
82 40℃超えの日本列島でヒトは生きていけるのか ―体温の科学から学ぶ猛暑のサバイバル術 永島 計 ……………… 1760円
83 食品添加物はなぜ嫌われるのか ―食品情報を「正しく」読み解くリテラシー 畝山智香子 ……………… 2090円
84 〈新型コロナウイルス対応改訂版〉パンデミックを阻止せよ！ ―感染症を封じ込めるための10のケーススタディ 浦島充佳 ……………… 2310円
85 400年生きるサメ，4万年生きる植物 ―生物の寿命はどのように決まるのか 大島靖美 ……………… 2090円
86 海洋プラスチックごみ問題の真実 ―マイクロプラスチックの実態と未来予測 磯辺篤彦 ……………… 1650円

87 日本に現れたオーロラの謎
—時空を超えて読み解く「赤気」の記録 片岡龍峰 ……………… 1650円

88 タコは海のスーパーインテリジェンス
—海底の賢者が見せる驚異の知性 池田 譲 ……………… 1980円

* 89 新型コロナ データで迫るその姿
—エビデンスに基づき理解する 浦島充佳 ……………… 2310円

以下続刊

ガイドライン準拠 ステップアップ栄養・健康科学シリーズ

④食品学Ⅰ 食品成分とその機能を正しく理解するために 佐藤 薫・中島 肇編 …… 2530円
⑤食品学Ⅱ 食品の分類と特性・用途を正しく理解するために 中島 肇・佐藤 薫編 … 2530円
⑥食品加工学 公正な加工食品を支えるしくみを理解し利用するために
中島 肇・佐藤 薫編 ……………… 2530円
⑦調理学 食品の調理特性を正しく理解するために 河内公恵編 ……………… 2530円
⑩応用栄養学(第2版) ライフステージ別の栄養ケア・マネジメントを正しく理解するために
北島幸枝編 ……………… 3190円
⑪栄養教育論 栄養教育マネジメントに必要な理論と技法を身につけるために
垣渕直子・下岡里英編 ……………… 2970円
⑫臨床栄養学 疾患別の栄養管理プロセスを正しく理解するために 東山幸恵編 …… 3520円
⑬公衆栄養学 地域から国内外までの栄養問題に取り組むために 荒牧礼子・今井絵理編 2860円
⑭給食経営管理論 給食のマネジメントを総合的に理解するために
宮原公子・細山田洋子編 ……………… 2860円
⑮スポーツ栄養学 栄養サポートの理論と実践力をバランスよく身につけるために
田中紀子・平野直美編 ……………… 2970円

以下続刊(★・・・2021年秋刊行予定)
★社会・環境と健康 解剖生理学 食品衛生学 生化学 ★基礎栄養学

ガイドライン準拠 エキスパート 管理栄養士養成シリーズ

❶公衆衛生学(第3版) 木村美恵子・徳留信寛・圓藤吟史編 ……………… 3080円
❷健康・栄養管理学 辻 悦子編 ……………… 2310円
❹生化学(第2版) 村松陽治編 ……………… 3080円
❺解剖生理学(第2版) 高野康夫編 ……………… 3300円
❻微生物学(第3版) 小林秀光・白石 淳編 ……………… 2750円
❼臨床病態学 伊藤節子編 ……………… 3080円
❽食べ物と健康1(食品学総論的な内容)(第3版) 池田清和・柴田克己編 …… 2860円
❾食べ物と健康2(食品学各論的な内容) 田主澄三・小川 正編 ……………… 2090円
❿食べ物と健康3(食品加工学的な内容) 森 友彦・河村幸雄編 ……………… 2640円
⓫調理学(第3版) 青木三恵子編 ……………… 3080円
⓬食品衛生学(第4版) 甲斐達男・小林秀光編 ……………… 2970円
⓭基礎栄養学(第5版) 坂井堅太郎編 ……………… 3080円

⑭ 分子栄養学　金本龍平編 ………………………………… 2860円
⑮ 応用栄養学（第3版）　大中政治編 ………………………… 3300円
⑯ 運動生理学（第4版）　山本順一郎編 ……………………… 3080円
⑰ 臨床栄養学：疾病編（第3版）　嶋津　孝・下田妙子編 ………… 3520円
⑱ 臨床栄養学：栄養ケアとアセスメント編（web教材付）（第3版）　下田妙子編 … 3080円
⑲ 公衆栄養学　赤羽正之編 ………………………………… 3080円
⑳ 公衆栄養学実習（第3版）　上田伸男編 ……………………… 2860円
㉑ 栄養教育論（第2版）　川田智恵子・村上　淳編 ……………… 3300円

ガイドライン準拠 新 食品・栄養科学シリーズ

* 社会・環境と健康　川添禎浩・吉田　香編 …………………… 3520円
生化学　人体の構造と機能及び疾病の成り立ち（第2版）　福田　満編 ………… 2750円
食品学総論　食べ物と健康❶（第3版）　森田潤司・成田宏史編 ……… 3080円
食品学各論　食べ物と健康❷（第3版）　食品素材と加工学の基礎を学ぶ
瀬口正晴・八田　一編 ……………… 2750円
食品加工学　食べ物と健康❸（第2版）　西村公雄・松井徳光編 ……… 2310円
調理学　食べ物と健康❹（第3版）　木戸詔子・池田ひろ編 ………… 2750円
新版 食品衛生学　食べ物と健康❺　川添禎浩編 ……………… 2750円
* 基礎栄養学（第5版）　灘本知憲・仲佐輝子編 ……………… 3080円
* 応用栄養学（第5版）　福渡　努・岡本秀己編 ……………… 3300円
* 栄養教育論（第6版）　中山玲子・宮崎由子編 ……………… 3520円
* 給食経営管理論（第5版）　―新しい時代のフードサービスとマネジメント
中山玲子・小切間美保編 ……………… 3190円

はじめて学ぶ 健康・栄養系教科書シリーズ

❶ 解剖生理学　鈴木一永・藤岡由夫・堀江　登・蓮田健太郎（未刊）
❷ 生化学　―ヒトのからだの構成と働きを学ぶために
小野廣紀・千　裕美・吉澤みな子・日比野久美子 ……… 2640円
❸ 食べ物と健康 I（第2版）　―食品成分を理解するための基礎
水野裕士・喜多野宣子・近藤民恵 ……… 2200円
❹ 食べ物と健康 II（第2版）　―知っておきたい食品素材と加工の基礎
喜多野宣子・上村昭子・久木久美子 ……… 2310円
* ❺ 基礎栄養学（第3版）　―食生活と健康について考えるための基礎
杉山英子・小長谷紀子・里井恵子 ……… 2310円
❻ 応用栄養学（第3版）　―適切な食生活を実践するための基礎
山下絵美・奥田あかり・上山恵子・尾関清子 ……… 2420円
❼ 臨床栄養学概論　―病態生理と臨床栄養管理を理解するために
秋山栄一・鈴木一永・鞍田三貴・古澤通生・蓮田健太郎・髙岸和子・位田　忍・福田也寸子 … 2970円
* ❽ 栄養教育論（第2版）　―健康と食を支えるために
今中美栄・上田由香理・河嶋伸久・木下ゆり・坂本裕子・髙木尚紘・西田江里 ……… 2310円
❾ 給食計画論　―大量調理施設で役立つ基礎
島田淳子・田村孝志・佐合井治美・田中浩子・内田眞理子 ……… 2420円
❿ 調理学　―おいしく安全に調理を行うための科学の基礎
久木久美子・新田陽子・喜多野宣子 ……… 2310円

⓫ 食品衛生学 ―食の安全性を理解するために 西瀬 弘・檜垣俊介・和島孝浩 ････ 2200円
⓬ 公衆栄養学 ―人びとの健康維持・増進のために 黒川通典・森 久栄 ･･･････ 2200円

はじめて学ぶ 健康・スポーツ科学シリーズ＋@

①解剖学 齋藤健治・大山卞圭悟・山田 洋 ･････････････････････ 3520円
②生理学 須田和裕編 ･･････････････････････････････ 2860円
③スポーツ生理学 冨樫健二編 ･････････････････････････ 2860円
④スポーツバイオメカニクス 宮西智久編 ････････････････ 3080円
⑤体力学 中谷敏昭編 ･･････････････････････････････ 2750円
⑥スポーツ・健康栄養学 坂元美子編 ･･･････････････････ 3080円
⑦スポーツ医学【外科】 宮川俊平編（未刊）
⑧スポーツ医学【内科】 赤間高雄編 ･･･････････････････ 2860円
⑨アスレティックトレーニング 鹿倉二郎・鶴池柾叡編 ････････ 2970円
⑩衛生学 ―健康な環境づくりを支援する 近藤雄二編 ･･････････ 3080円
⑪健康づくりのための運動の科学 鵤木秀夫編 ･･････････････ 2640円
⑫スポーツ・運動・パフォーマンスの心理学 高見和至編 ････ 3080円
スポーツバイオメカニクス 完全準拠 ワークブック 宮西智久 1320円

けったいな生きもの・シリーズ 各1430円

► ページをめくるたびに目に飛び込んでくる，驚きの生き物たち ※すべて北村雄一訳

おもろい 虫 Worek
キメキメ 鳥 Earley
はではで カエル Earley
きもかわ チョウとガ Orenstein／Marent写真
ぴかぴか 深海生物 Hoyt

ネイチャーガイド・シリーズ 3080円(宝石のみ2200円)

世界の鳥たち ―手のひらに広がる鳥たちの世界 Burnie文／後藤真理子訳
宝石 ―手のひらに広がる宝石の世界 Bonewitz文／伊藤伸子訳
恒星と惑星 ―手のひらに広がる夜空の世界 Johnston監修／Dinwiddieほか文／後藤真理子訳
岩石と鉱物 ―手のひらに広がる夜空の世界 Post博士監修／Bonewitz文／伊藤伸子訳
世界の樹木 ―手のひらに広がる樹木の世界 Russell文／後藤真理子訳

手のひら図鑑シリーズ 各1430円

► 「子どもと大人が一緒に見て楽しむ，読んで学ぶ」カラフル図鑑 ※すべて伊藤伸子訳

1 科学 Johnson監修
2 人体 Walker
3 恐竜 Benton監修
4 昆虫 Jones監修
5 動物 Bryan監修
6 哺乳類 Bryan監修
7 馬 Bryan監修
8 犬 Bryan監修
9 サメ・エイ Day監修
10 宇宙 Mitton監修
11 地球 Palmer監修
12 岩石・鉱物 Walsh監修

以下続刊
（2021年秋刊行予定）
13 ネコ Bryan監修
14 元素周期表 Gillespie監修

図鑑，科学絵本，グッズ

＊スティーブン･ホーキング ―ブラックホールの謎に挑んだ科学者の物語　クラルほか／クリコフ絵／さくまゆみこ訳 1980円
＊ネコだらけのOh！ 宇宙　ハウエルほか／石井克弥訳／渡部 潤一監修 ・・・・・・・・・2090円
＊ネコだらけのOh！ 科学　ハウエルほか／石井克弥訳／左巻健男監修 ・・・・・・・・・2090円
＊キッズvsプラスチック大作戦 ―#2分間スーパーヒーローになろう！ ドーレー／ウェッソン絵／水野裕紀子訳 1760円
＊めくってたのしむ 原子と分子ずかん　ディキンス文／ニールセン 絵／吉田博子訳／長谷川美貴監訳 1980円
＊すてきで偉大な女性たちが地球を守った　パンクハースト／橋本あゆみ訳・・2090円
＊すてきで偉大な女性たちが世界を変えた　パンクハースト／田元明日菜訳・・2090円
＊すてきで偉大な女性たちが世界を「あっ!」と言わせた　パンクハースト／増子久美訳 2090円
＊すてきで偉大な女性たちが歴史をつくった　パンクハースト／堀江里美訳 ・2090円
おなかの花園 ―きみのおなかにひそむ不思議な世界　マイクロバイオームをめぐる冒険　ブロスナン／滝本安里訳 2090円
アメリカ自然史博物館 恐竜大図鑑　Norell／田中康平監訳／久保美代子訳 ・・・・・・・・6050円
はじめまして相対性理論 ―時間ってなに？ 空間ってなに？ Ferronほか／齋藤慎子訳／橋本幸士監訳 1980円
はじめまして量子力学 ―ふしぎがいっぱいミクロの世界　Ferronほか／齋藤慎子訳／橋本幸士監訳 1980円
世界一わかりやすいイカとタコの図鑑　Hanlonほか／水野裕紀子訳／池田 譲監訳 ・・4400円
バクテリアブック ―細菌，ウイルスと，ふしぎな仲間たち　Mould／滝本安里訳・・・・・・・2200円
みんなをおどろかせよう 科学マジック図鑑 ―トリックとコツおしえます　Mould／十倉実佳子訳 2750円
遊んで，ためして，よくわかる プログラマーになろう！
―楽しく身につくプログラミングのきほん　Prottsman／片岡律子訳・・・・・・・・・2750円
見たい，知りたい，ためしたい 科学者になろう！
―実験と観察でわかる科学のひみつ　Mould／後藤真理子訳・・・・・・・・・2750円
見たい，知りたい，ためしたい エンジニアになろう！
―つくってわかるテクノロジーのしくみ　Vorderman監修／後藤 真理子訳・・・・・・・・・2750円
こうしてヒトになった ―人類のおどろくべき進化の旅　ブライト／ベイリー絵／堀江里美訳 ・2310円
クジラが歩いていたころ ―動物たちのおどろくべき進化の旅　ディクソン／ベイリー絵／橋本あゆみ訳 2310円
ハブラシのサミー ―海のなかのプラスチック　レナード／リエリー絵／青山 南訳 ・・・・・1980円
ネコもよう図鑑 ―色や柄がちがうのはニャンで？ 浅羽 宏 ・・・・・・・・・・・・・・・・1540円
変化朝顔図鑑 ―アサガオとは思えない珍花奇葉の世界　仁田坂英二 ・・・・・・・・・・・・・1540円
ビジュアル大百科 元素と周期表　ジャクソンほか監修／伊藤伸子訳／藤嶋 昭監訳 ・・・・3080円
ZOOM大図鑑　Goldsmithほか文／伊藤伸子訳 ・・・・・・・・・・・・・・・・・・・・・・4180円
えれめんトランプ 2.0 ・・・・・・・・・・・・・・・・・・・・・・・・・・標準価格2090円

お願い

- □ この目録は2021年6月現在の好評書，新刊を掲げました．製作費の急騰などによって，やむをえず価格を変更する場合がございますので，あらかじめご了承下さい．
- □ この目録掲載書の詳しい内容説明のある総合目録を，ぜひ「愛読者カード」等をご利用の上，ご請求下さい．
- □ ご注文はなるべく最寄りの書店にお申し込み下さい．
- □ 弊社の本・雑誌はすべて定価販売です．
- □ この広告に記載している価格は税込み定価です．

コラム② ゾウは遊ぶのがだいすき

ゾウを観察していると、それが野生ゾウでも動物園のゾウでも、のんびりとした気持ちになります。ゾウは動きがとてもゆったりしているというのが一番の理由かもしれません。耳をパタリ、パタリとはためかせたり、一歩一歩踏みしめるようにゆったりと歩いたり、青草を咀嚼《そしゃく》するときもモシャリ……モシャリ……という具合に、ゾウの時間はじつにゆっくりと流れています。でもそれだけでなく、ゾウたちが遊ぶやんちゃな姿にも、心が癒されます。

ゾウを卒業研究の対象にしようと心に決めて、上野動物園で初めてアジアゾウを観察したときのことです。来園客が誤って飛ばしてしまった袋を、紙風船のように鼻でぽんぽんとはじいて遊んでいました。そのときのゾウの表情は、間違いなく〝笑顔〟に感じられました。また、屋外放飼場から、屋内寝室に戻ったあとのことです。ゾウたちの寝室は隣り合わせになっていて、寝室は太い格子で仕切られていますが、ゾウたちは鼻をお隣の部屋に入れることができます。そこで、あるゾウが、餌の青草をつかんで、パラ

図 2-3　箒あそび。ゾウは、遊びが大好きだ。写真では、隣り合う部屋で過ごすゾウたちが、餌の青草と竹を使っていっしょに遊んでいる。

パラとふりまきました。「何をしているんだろう？」と不思議に思って眺めていると、隣の部屋のゾウの鼻が、格子の隙間から入ってきて餌の竹をつかむと、その竹を箒《ほうき》のように使って、振りまかれた青草を掃き出したのです（図2－3）。隣のゾウが青草を一箇所に集めるのを見届けると、ふたたび青草をつかんで鼻を高く上げて、パラパラパラと振りまく、という一連の動作を繰り返していました。二頭で遊んでいたのだろうと思います。

このようなゾウの遊びは、ゾウにいろいろな認知機能が備わっていることの証拠と言えます。たとえば「紙風船遊び」では、自分が鼻で風船をたたき上げたときの風船の動きを理解していると言えますし、「箒あそび」では、青草を集める効果的な道具として竹を応用できること、さらには、二頭で遊んでいたことから、ゾウの高い社会性がうかがえます。

私は、ゾウが遊んでいる姿を見て、なんとも研究のしがいのある動物だと、興奮したのを覚えています。そして、私の卒業研究は、ジャン・ピアジェが提唱したサポート課題をアジアゾウにやってもらうというものでした。サポート課題では、目的の物体（バナナ）が、直接は届かない位置に置かれ、それを得るためには、目的のもの（バナナ）の下に敷かれたもの（段ボール）をつまんで、引き寄せなければならないというものでした。つまり、目標を達成するための手段を見つけて実行できるのかという課題です。いまとなっては「そんなの、ゾウにはできて当たり前」とわかっていますが、この研究が論文になった二〇〇七年当時は、まだゾウの認知研究はほとんどなく、そもそもゾウで認知実験ができるのかということを確かめたという意味でも、大きな一歩でした。ゾウの鼻でつまみやすいような形に工夫した突起を段ボールに取りつけたり、ゾウの色覚が確かでないので、段ボールと地面とバナナにはっきりとした明暗の違いが出るように色使いを工夫したり、まさに手探りで実験道具を準備しました。上野動物園のウタイとスーリヤは、この課題を難なくクリアしました。その後も上野動物園のゾウたちは、いくつもの研究に参加し、ゾウ認知の理解に貢献してくれました。

さて、ゾウに日常的に観察できるもうひとつの特異的な行動に、物体に息を吹きかけるというものがあります。これについては、二〇一六年、当時総合研究大学院大学の院生だった水野かおりさんが中心となって、まとめた研究があります。この研究では、ゾウが、直接鼻の届かない位置にある餌を、鼻でつかみやすい位置に移動させるために息を吹きかけるということが検証され、証明されました。息を吹きかければピーナッツが転がって、壁などにぶつかって自分の近くに戻ってくるということを理解し、鼻息をうまく利用していたのです。

ゾウたちを観察していると、かれらが、周囲の環境をよく観察し、自分の行動が周囲にどのように影響し、どうすれば目的を達成できるのかということを、さまざまな場面で考えているということがわかります。ゾウたちの遊ぶ姿は、ただほほえましいだけでなく、かれらの複雑な認知行動を示唆するものと言えます。

第３章

カエサルも認めたゾウの知能

下に敷かれたダンボールを引けばバナナが取れる
こんな問題はゾウにとっては朝飯前。

ゾウは陸上動物のうち、人間について頭のよい動物だ。
――ユリウス・カエサル

かの有名なカエサルはゾウについてこう述べています。また、ゾウ担当飼育員の方は「ゾウに何かひとつ芸を教えるとします。そのとき手とり足とり教えなくても、空気を読んでゾウなりに〝こうかな？　こうかな？〟といろいろ試してくれます。こちらがしてほしいことに気づいたとき、〝そういうことか！〟という具合に、突然できるようになるんですよ」と、ゾウが考えながら芸を会得していく様子をお話ししてくれました。またタイのゾウ使いの方は「ゾウはとても危険な動物だ。それでもこうして仲良くなれるのは、ゾウがわれわれを理解してくれるから。頭がいいからなんだ」と言っていました。

私は研究者としてゾウに知能テストのような課題を与えることがありますが、ゾウが先読みして、ほかの動物には必要な訓練段階がゾウの場合には必要ないという経験を何度もしたことがあります。ゾウが〝賢い〟動物だという証言はそろいました。しかしそれらの証言を裏づけるには科学的証拠が必要になります。この章では、ゾウの知能についてこれまでに科学的に明らかになった知見をご紹介しましょう。

一　陸上最大の脳

ゾウはとても大きな脳を持ちます。先にも述べましたが、その大きさは五〇〇〇グラムを超えます。哺乳類の中では、七〇〇グラムを超える脳を進化させた種は稀で、たとえばホモ・エレクトゥス以降の人類（一八〇〇万年前ごろから）、クジラ目（三二〇〇万年前ごろから）、およびゾウなどです。もちろん脳は重量だけでその複雑さや知能の高さを比較することはできません。というのは、体が大きくなれば脳も大きくなるからです。しかしゾウは、脳と体の大きさの比率を見ても、哺乳類の中で脳を大きく進化させた部類に入ります。脳容量と体重の比から脳の相対的な大きさ〔脳重量比（Encephalization Quotient、略してＥＱ）〕を算出した結果、脳を大きくさせた動物のトップ３は、ヒト、イルカ、次いでゾウとチンパンジーが互角程度のようです。ゾウの脳の肥大化は、およそ二三〇〇万年前ごろから始まっ

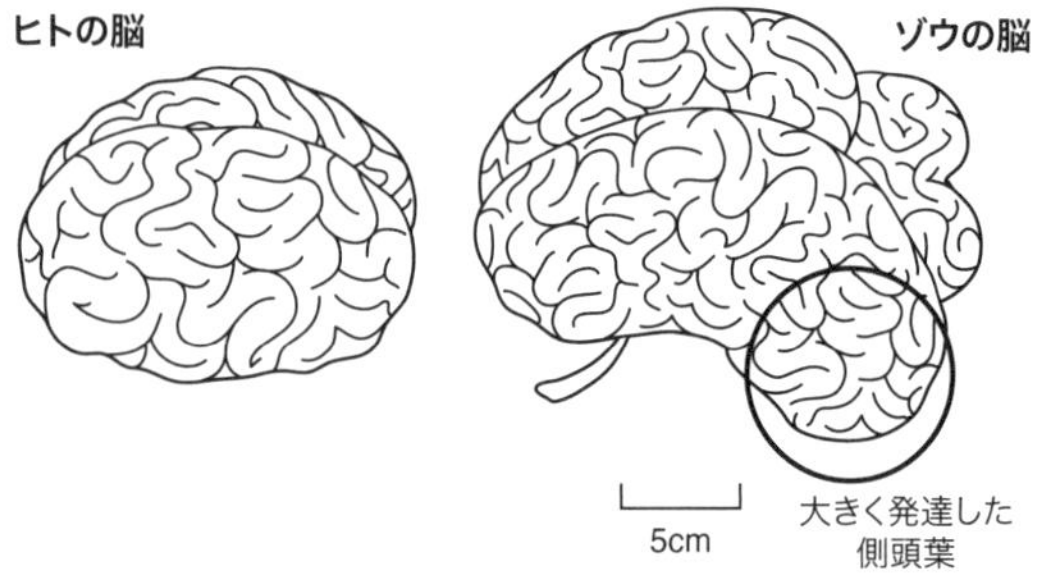

図 3-1　ゾウの脳とヒトの脳。いずれも小脳のまわりに大脳新皮質が発達しているが、その形が大きく異なる。

たようです。ゾウの祖先たちは、大きな脳を使って、今日まで生き延びてきました。さて、大きな脳はいったいどのような世界をゾウに見せているのでしょう?

ひょうたん型脳の秘密

ヒトやチンパンジーの脳は、上から見ると丸に近い楕円形をしています。一方ゾウの脳は、ちょうど中央の部分が横に膨らんで張り出し、ひょうたんのような形をしています。横に膨らんで張り出している部分は側頭葉と呼ばれます。側頭葉はおもに記憶や聴覚をつかさどる部位とされています。私たちの脳にも側頭葉はありますが、ゾウの場合、この部位が肥大化しているのです（図3－1）。ヒトの脳と比べて肥大化している部位がさらにもうひとつあります。それは海馬です。海馬は大脳辺縁系の一部で、空間学習や、やはり記憶をつかさどる部位です。大脳辺縁系の側にある嗅葉（嗅覚をつかさどる）と呼ばれる部位はヒトにおいては退化的ですが、ゾウの嗅葉はとても発達していて複雑な構造をしています。つまり解剖学的観点から、ゾウはどうやら記憶能力と嗅覚が優れた動物と考えられます。

さらにゾウの脳は生後成長する割合が大きいという特徴もあります。哺乳類の多くは生まれた時点ですでに脳が成長しきっていて、おとなの脳と重量がさほど変わりません。一方ヒトは、生まれた時点での脳は大人の脳の約二五パーセント程度しかありません。チンパンジーは五〇パーセント程度、ゾウはその間の三三パーセント程度という未熟な脳で誕生します。生後成長する割合が大きいということは、それだけ生まれてから獲得できる認知や行動の幅が大きいということを示します。生まれた時点で生きるために必要な最低限の脳を持っているとするならば、そこから脳が成長をつづけるということは、必要最低限以上のものをどんどん獲得していくということになります。

ところで、以前、知人を通じて、童謡「ぞうさん」の作詞家まどみちおさんに、ゾウの脳に関する研究論文をお送りしたことがあります。ゾウの脳の解剖写真を見て、まどさんはこう言ったそうです。「ああ、ゾウの前では、嘘はつけないな」。本当に、本当に、そのとおりです。こんなにも大きくて、複雑な脳を持つゾウ。かれらには、きっと何でもお見通しなんじゃないかと、私も鳥肌がたったものです。

「ゾウは決して忘れない」──動物学者レンシュの研究

「ゾウは決して忘れない（Elephants never forget）」という西洋のことわざがあります。西洋では、ゾウはとても記憶能力の優れた動物だと考えられているようです。解剖学的知見からもゾウは記憶能力が優れていると考えられますが、ではその記憶能力とはどれほどのものなのでしょう？

ゾウの記憶能力について最初に科学的研究を行ったのは、ドイツの動物学者ベルンハルト・レンシュです。レンシュは一九五七年に、動物園で飼育されていたアジアゾウを対象に行った記憶課題の結果を論文に発表しました。課題ではゾウの前にふたつの木箱が提示されました。木箱のふたには異なる絵が描かれています。どちらか一方の絵が描かれた木箱を開けると、中にはご褒美が入っていて食べることができるということです。一対目の木箱の弁別を学習したらまた別の対の弁別を学習させていき、レンシュは二〇対の絵の弁別を学習させました。ここで興味深いことは、その学習速度が急激に上がった点です。ゾウは一対目の弁別を学習するには一四四試行かかりました。しかし二対目以降は一〇試行もたたないうちに、正しい木箱の弁別を学習したのです。これはつまり、一対目のときには「木箱がふたつあるけど、いったい何をしたらいいの？」という具合に、課題の意図がわからなかったのが、一度課題を理解してしまえば、「ふたの絵を弁別すればいいのね！」と簡単に学習が進むようになったと考えられます。二〇対の木箱をランダムに提示されても八八パーセント以上の成績が保たれました。

ここでレンシュは課題を与えるのをぱったりやめました。そしてその一年後に課題を再開してみたのです。一年後に再テストされるとは、ゾウは知るよしもありません。にもかかわらず、正答率はまったく衰えていませんでした。「来年またテストするから、しっかり復習しておくように」とゾウに伝えることはできません。ゾウは一生懸命復習しなくても、二〇対の絵の弁別を記憶することくらい簡単なことだったというわけです。

レンシュは論文の中で、こうも述べています。「今回私は二〇対の図形しか提示しなかった。しかしまだまだ記憶容量の限界には達していないとわかる。今回示せたのは〝少なくとも二〇対を最低一年間は記憶できる〟ということだけだ」。ゾウの記憶容量と記憶保持の限界についてては、まったく未知ということになります。

一度、ゾウの記憶力をひとつ試してみようと、上野動物園で飼育されている二頭のアジアゾウ、アティとウタイに、簡単なテストをしてみました。研究の合間に、「ゾウって本当になんでもよく覚えているのかなぁ」と話題になり、急遽やってみたのです。アティとウタイはタイからやってきたのですが、その当時で来日して五年ほど経っていました。タイでも簡単な号令の訓練は受けていた二頭が、どれほどタイ語を覚えているか試してみたのです。テストしたタイ語は「マー（こっちにおいで）」や「トーイ（下がれ）」など、数語でした。その結果、いずれのタイ語も正しく理解して反応したのです。一番印象的だったのは、ウタイに「マー!!」と言ったときの、ウタイのきょとんとした顔！「あれ?? いつもと違う言葉だ……でも、それって、もしかして……」とでも言っているようでした。そしてそのあとは迷うこともなく、きちんと号令に反応していました。もう何年も聞いていない号令を、正確に記憶しているだなんて、やっぱりゾウの記憶力は大したものだと感心しました。

「鏡の中の自分」を理解する

次に「鏡を理解する」能力についてです。自分の姿を鏡で見て、それが自分だと理解できたのが何歳のことだか記憶している人はいるでしょうか。一般に、ヒトが鏡を理解できるようになる年齢は二歳前後とされています。鏡を理解するということは、「自分」という意識があることを示しています。自分がいまどのように動いているのか、どのような表情をしているのか、そういった自己の概念を持っている証拠と言えるのです。そのため、この能力があるのかないのか調べることは、その個体の認知世界を知るうえでも重要な課題とされてきました。

鏡がわかっているかどうかは「マークテスト」という方法で調べることができます。まず赤ちゃんの顔に、口紅のようなもので赤ちゃんに気づかれないように小さなしるし（マーク）をつけます。鏡がない状態で赤ちゃんがそのマークに気がつかないことを確認後、鏡を見せます。このとき赤ちゃんが鏡に映った人物が自分だと理解していたら「こんなところに何かついてる！」とマークに気がつき、ふき取ったり、何度も鏡を覗き込んだりします。

この方法を用いて、一九七〇年代あたりからさまざまな動物を対象にこのマークテストが試されました。その結果、鏡を理解できる動物はヒト、チンパンジー、オランウータン、そしてイルカだけとされてきました。その後の研究でゾウもその一員であると証明されました。

二〇〇五年にアメリカの研究チームが、アメリカのブロンクス動物園で飼育されているアジアゾウにマークテストを行ったのです。試された三頭のうち、一頭のメスが鏡に自分の姿を映し、自分につけられたマークをふき取ろうとする行動が観察されました。このとき、研究者は念のため透明の液体でも同じようにマーク（ダミー）をつけていました。もしかしたら嗅覚の鋭いゾウは、鏡を見てマークに気がついたのではなく、臭いで気がついた可能性もあるからです。しかしこのメスゾウは鏡の前に立ったときにダミーには気がつかず、色のついたマークにだけ反応を示したのです。

ここで三頭中、一頭しかマークテストに合格していないことに疑問を持つ人もいるかもしれません。しかしそれは問題ではありません。ゾウたちはマークを触ろうが触るまいが、鏡を見ようが見まいが、まったく自由だったからです。なかには鏡に興味を示さずそもそも見ようともしないゾウもいれば、マークがついていても気にしないゾウだっているからです。ここで一頭でもマークに気がついていることを行動で示してくれたゾウがいれば、そのゾウが、ゾウを代表して「鏡がわかるよ」ということを示したことになります。すこし話がずれますが、鏡がわかっていても必ずしもマークテストでそれを明らかにできるわけではないというのが、マークテストの問題点と言えます。つまり、テストされたみんながみんな、単にマークに興味を持たず、マークテストに合格した代表がいないだけで、本当は鏡を理解する能力を持つ動物が、ほかにもいるかもしれないのです。

子ゾウ、ナンペーとの鏡実験

さて、話をゾウの鏡理解能力に戻しましょう。同時期、私もタイでゾウ使いに飼育されている子ゾウで研究をしていました。子ゾウの名前はナンペー、タイ語で「ダイアモンドのしずく」という意味の、素敵な名前です。ナンペーとゾウ使いの方に協力をしていただき、鏡を使った実験を行いました。その実験は「鏡に映っているのは自分だ」という理解を調べるマークテストとは違い、単純に「鏡には実際の世界が映っている」という鏡の原理を理解しているかを調べるものでした。

まずナンペーに、触ると「ピンポーン」と音の鳴るおもちゃを見せました（図3－2）。ナンペーがおもちゃに鼻で触って音が鳴ると、私はご褒美のバナナをあげました。するとナンペーは訓練を

図3-2　ナンペーと音の鳴るおもちゃ。「おもちゃを鼻で押す」という動作は、トレーニング技術初心者の私でも、数分もかからずにナンペーに教えることができた（むしろ、ナンペーは勝手にできた）。

始めたほんの数分間でそれを理解し、どこにおもちゃを提示しても寄ってきて触るようになりました。たとえば五メートルも離れたところですっとおもちゃを取り出すと、すぐに走り寄ってきて小さな鼻で力強くおもちゃにタッチしてきました。

さらに、そのおもちゃとは別に、ナンペーよりもひと回りも大きな鏡を、ナンペーがいつも遊んでいる場所に設置しました（この時点では鏡がある場所ではおもちゃは提示しませんでした）。初めて鏡を見たナンペーは、「パオーン!!」と叫んで、走って逃げていきました。耳も尻尾もピーンとつっぱり、かなり驚いた様子でした。それからおよそ五分間は遠くから鏡のほうをじっと見ていました。

次の日、もう一度鏡の場所にナンペーを連れて行くと、前日よりは落ち着いた様子で、鼻でおそるおそる鏡の表面に触れました。さらに、鏡を見ながら、鼻先を鏡の裏にまわし、鏡の裏を探りだしました。そして鏡のまわりをぐるりと一周しました。鏡の裏に自分と同じくらいの大きさのゾウがいないか確かめたのでしょうか。その後ナンペーは鏡の前に立ち、口を大きく開けながら鏡を見つめたり、鏡の前に草をわざわざ運んできて、鏡を見ながら食事をしていました。とくに鏡の前で口を開ける行動は、鏡がなければ見ることのできない体の部位（ナンペーの場合は口の中）を見ていると解釈すると、鏡を理解している証拠のひとつ

条件	試行数	反応
M条件	1	○
	2	○
	3	○
NM条件	4	×
	5	×
	6	×
M条件	7	○
	8	○
	9	○

図 3-3　ナンペーと鏡実験と結果。鏡越しに提示されたおもちゃも、ナンペーは難なく見つけ、鏡を理解していることが示された。M 条件：鏡あり、NM 条件：鏡なし。

と言えます。どうやらナンペーは鏡を理解したようです。

そこで、ナンペーが本当に鏡を理解しているのか、実験で確かめることにしました。ここで、おもちゃの再登場です。ナンペーが鏡を見ているときにナンペーの後ろに立ち、おもちゃをこっそり取り出しました。するとナンペーは鏡を見たまますぐさま鼻を後ろに伸ばし、おもちゃにタッチしたのです（図3－3）。気配を感じたのでは？　視野が広くて直接見えていたのでは？　そんな可能性を試すために、ナンペーが鏡を見ていないときに、同じようにナンペーの後ろに立っておもちゃをこっそり提示してみましたが、そのときは何も反応しませんでした。

実験では鏡がある状況と鏡のない状況でそれぞれ三回ずつおもちゃの提示を繰り返しました。鏡がある状況では三回ともナンペーはおもちゃに気がつきましたが、鏡のない状況でおもちゃに気づくことは一度もありませんでした（図3－3右）。ナンペーは自分の後ろにおもちゃが提示されたことに、鏡を見て気がついて反応したのです。また、注目すべき点がナンペーの年齢です。ナンペーは当時二歳でした。ゾウの寿命は六〇年から七〇年、性成熟する年齢は一〇歳程度ということから、ゾウとヒトの発達の程度は似ていると推測されます。ちなみに、ヒトの子供が鏡を理解できるのも、二歳程度とされています。

マークテストとナンペーの実験から、ゾウが鏡を理解し、「自分」という認識を持っていることが示されました。そして「鏡の理解」に関して、ヒトと同程度の年齢で獲得されるということもわかりました。

ただし、このマークテストについて、二〇一九年、とても面白い論文が発表されました。ホンソメワケベラという魚が、マークテストで定められた細かい基準もすべてクリアし、見事合格したのです。腹に色をつけられたこの魚は、鏡の前で、腹を何度も水底にこすりつけるという行動を示しました。めでたくホンソメワケベラも、自己認識能力を持つ種のリストに仲間入り！　となるかというと、そう単純にもいかないようで、かなりの議論が巻き起こりました。この実験の結果、この魚には自己認識があると結論づけるべきか、あるいは、マークテストがすべての種について自己認識の有無を調べるリトマス紙にはなり得ないのだとするか、意見が分かれたのです。

その議論の決着はまだつきそうもありません。ただ、魚類の認知については、今後もぜひ、研究が進んでほしいと、期待しています。私は長年、自宅で金魚を飼育してきましたが、かれらもなかなかいろいろわかっていそうだなぁという感想を持っているのです。金魚は、慣れるとすぐに「餌ちょうだい」行動を身につけ、私が近づくとすぐさま水面に集まってきて口をパクパクさせます。もちろん、それだけならば、ただの条件づけで、大きな影（この場合、私）が近づいたときには餌が落ちてくるということを学習したまでだと言えますが、どうやら、金魚たちはそれだけでなく、私の視線も理解していそうなのです。つまり、金魚の水槽に背を向けて座っていて、ふと振り向いて目が合ったときに、金魚たちはあわてて「餌ちょうだい」行動を始めるような気がします。このことについては、そのうちに、ちゃんと検証してみたいと思っています。

ものまねする能力

鏡を理解する能力のほかにも、ゾウは動物界では稀と言える能力を持ちます。それは「ものまねをする」能力です。ものまねをする動物で有名なのは、鳥類です。とくに一般にも知られているのはインコやオウムでしょうか。私は自宅でズグロオトメインコを飼っていましたが、このインコのオトちゃんは、じつによく私の言葉を真似しました。朝カーテンを開けると「オハヨウ」と挨拶をし、私が近づくと「カワイイ?」と聞いてきました。またお腹をくすぐってやると「コチョコチョコチョ」と言い、私の鼻先にくちばしを当てながら「カワイイネ。ダイスキダヨ」と愛をささやいてくれました。それらの言葉は、私にそっくりの口調でとっても上手に発音され、しかも正しい場面で発声されました。オトちゃんは、私の言葉を学習してものまねし、コミュニケーションをとっていたのです。

インコやオウム以外でも、人間の言葉ではありませんが、ものまねによって音声パターンを学習する鳥は多くいます。たとえばウグイスは、ほかのベテランオスの「ホーホケキョ」を聞いて、それを真似して練習し、立派な「ホーホケキョ」を獲得します。このように音声をものまねする能力を「ヴォーカルイミテーション(音声模倣)」と言います。この能力は、各個体特有の音声コミュニケーションを会得するうえで欠かせない能力で、ヒトも言語を学習するときに使います。

ヴォーカルイミテーションは、鳥類を除くと、霊長類、イルカ、そしてコウモリに報告されていました。ゾウにこの能力が確認され報告されたのは二〇〇五年。アメリカの学術誌『ネイチャー』に掲載されたジョイス・プール博士らの論文でした。プール博士は、長年アフリカで野生ゾウの行動を観察してきた研究者で、とくに音声コミュニケーション研究の第一人者です。プール博士らは、ケニアに生息するメスのサバンナゾウ（一〇歳）が、トラックの音に似た音声を発していることに気がつきました。それは博士がこれまでに録音したどのゾウの音声パターンとも似つかないもので、トラックのエンジン音を真似していることがわかりました。これは立派なものまねです。さらに博士は、飼育下において一八年間、メスのアジアゾウといっしょに過ごしてきたオスのアフリカゾウが、アジアゾウ特有の甲高い鳴き声を真似ている事例も発見しました。これもまたヴォーカルイミテーションの証拠と言えます。

また、カザフスタンの動物園で飼育されているオスのアジアゾウが、ロシア語とカザフ語の会話のような音を発するという報告もあります。そのほかにも、韓国の動物園で飼育されていたアジアゾウのコシクは、人の言葉を模倣していることが確認されました。コシクは、

「アンニョン（韓国語で「こんにちは」）」など、六語の韓国語を正確に発音し、話すことができます。ゾウは、口腔内の構造上、人間と同じ音を出すことはできないはずですが、コシクは、鼻先を口に入れて、お目当ての音を出しているのです。そうまでして、飼育担当者と同じ言葉を話したいという強い思いが伝わります。それは、愛にほかならないのではないでしょうか？　ゾウ以外の動物でも、アメリカのメイン州で漁師に育てられたアシカが、単純な英語のフレーズを発するようになったり、シロイルカが自分の名前ロゴシと発するようになったという報告もあります。人間の言葉をまねるこれらの動物たちには、共通点があります。それは、長年、ほかの同種他個体との接触が絶たれ、人間ととても強い絆を結ぶ環境で暮らしたという点です。かれらは、自分の愛する人間と、コミュニケーションをとりたい一心で、人間の言葉を真似たのでしょう。

ほかにも、日本国内では、東山動物園のワルダーというアジアゾウが、不思議な音声を発します。ワルダーは、いったい何の音を模倣をしているのか、気になります。どんな音か、ぜひ、みなさんもワルダーの不思議な言葉を聞きに行ってみてください。

ヴォーカルイミテーションの能力があるということは、その動物の音声パターンに方言があることを意味します。遺伝子に組み込まれた鳴き声と違い、聞いた音声パターンを学習していくのですから、地域によって音声パターンに違いが生じるのです。言語と呼べるかはまだ明らかではありませんが、少なくともゾウの音声パターンには「アフリカゾウ語」と「アジアゾウ語」があり、さらに同じアフリカゾウ、同じアジアゾウにも、地域によって方言が存在する可能性が大いにあります。今後、こうした方言が研究されて明らかになっていくことは、ゾウを理解するうえではもちろん、動物園のゾウたちにとっても大切なことかもしれません。ゾウにとって音声パターンがどれほど繁殖相手の魅力度や相性と関係するかはわかりませんが、影響がまったくないとも、現時点では言い切れません。また、突然新たな施設で新たな群れに入れられたときに、新しい群れになじめないひとつの理由となっているかもしれないからです。

お互いと協力する

ゾウは、群れを形成する動物ですが、群れの仲間と協力する場面が数多くあります。先にもご紹介したように、ゾウは他個体に同情する能力を持ちます。相手の立場を理解し、自分が起こすべき行動を理解できるのです。この能力は、自分だけでは解決できないような課題に対し、仲間と協力して挑むのにも役立ちます。

ジョシュ・プロトニック博士は、Think Elephants International という団体を立ち上げ、ゾウの知能研究のほか、保護活動、そして子供たちの教育活動を精力的に行っている、ゾウのスペシャリストです。先にご紹介した、マークテストを行ったアメリカの研究チームの一員でもあります。プロトニック博士の研究のもうひとつに、ゾウが協力行動を行えるかどうかを確かめた実験があります。

一頭のゾウの前にテーブルが置かれ、その上には好物のひまわりの種が置かれています。ゾウとテーブルの間には柵があり、ゾウはひまわりの種を取ることができません。しかしよく見ると、テーブルにはコの字にロープが渡してあって、そのロープの両端をひっぱれば、テーブルを引き寄せることができます。しかし、ゾウには鼻が一本しかないので、もう一頭のゾウにロープの向こう端を引いてもらわなければいけないのです。このような課題を、ゾウは難なくこなすことができました（二次元バーコードは動画へのリンク）。この実験で、ゾウは、状況を正しく理解し、さらに仲間と協力する能力を、確かに持っていることが証明されたのです。

プロトニック博士に、この実験のときのビデオを見せてもらったのですが、すんなり課題を解決していくゾウたちの中で、一頭の若いメスが、とてもおもしろい行動をしました。そのメス、自分の側のロープを引くのではなく、前足でふんづけて待つだけで、引っ張るのはもう一頭のゾウに任せるのです。そのときそのメスは、もう一頭のゾウに「早く引っ張ってよ」とでもいわんばかりに、鼻を振って、催促していました。ゾウの世界にも、ちょっぴりずるをする者がいるんだなぁと、笑ってしまいました。ゾウの社会を、よりくわしく知りたいと思った瞬間でした。

ところで、ゾウのように、仲間に同情をして、自らはある程度の犠牲を払ってでも仲間を助けたり、協力行動をする動物は、裏切り者検知能力も優れていると考えられます。たとえば人間は、利他的行動を多くする動物です。みなさんも、街角に立って募金活動をしたり、電車でお年寄りに席をゆずったり、ご近所へのお裾分けをしたりしたことがあると思います。他人のためにする行動は、それ自体が私たちにとって喜びの報酬となります。しかし同時に、「あの人はずるいな」と不公平感を持ったり、ルールを守らない人に腹が立ったら、そうした相手には親切にしようとは思いません。自分ばかり損して他人に尽くしていては、自滅してしまうため、きちんと裏切り者を見分け、裏切り者には施さないようにしなければいけないから、裏切り者検知能力は、利他的行動と同時に進化したはずです。そう考えると、おそらくゾウもこの裏切り者検知が得意ではないかと予測されます。いつもずるをしたり、いじわるをするような者は、きっとほかの場面でしっぺ返しをくらうはずです。このテーマについては、いまのところ研究報告はありません。機会があったらぜひ、この点に注目して、ゾウたちの様子を観察してみてはいかがでしょうか。

二　数を認知する

次に「数を認知する」という能力についてご紹介します。数量を把握するという能力は動物にとってとても重要なものです。というのは、「より多くの食べ物を得たい」、「より多くの繁殖機会を得たい」、「なるべく敵が少ない道を選びたい」これらはいずれも生物にとって最重要課題と言えますが、どれも「より多く」「より少なく」という数量の認知が絶対的に必要だからです。じつはこの能力、ゾウはほかの動物に比べて、優れていることがわかってきました。

カダヤシでもできる「量の認知」

数量認知は、動物界ではさまざまな種が生活するうえで利用しています。ヒト、チンパンジー、オランウータン、ゴリラ、リスザル、ヨウム、ハト、そしてイモリ、さらにはカダヤシ（メダカに似た小型淡水魚）まで多種多様な動物においてこの能力は確認されてきました。

調べ方は種によって違いますが、たとえばクリスチャン・アグリヨ氏らによる研究では、カダヤシの数量認知を調べるのに、かれらの群れたがる習性が利用されました。カダヤシは捕食率を下げるために、より大きな群れで泳ごうとするのです。小さな群れより、大きな群れに紛れたほうが、自分が敵に捕まる確率が下がるからです。実験では三つの水槽が用意されました。真ん中の水槽に一匹のカダヤシを入れ、両脇の水槽にそれぞれ異なる数のカダヤシを数匹ずつ入れました。その両脇のカダヤシの数を一から八匹の間で変えて、真ん中のカダヤシがどちらの水槽のほうに行こうとするか観察しました。両脇の水槽のどちらにより多くの仲間がいるかわかっていれば、真ん中のカダヤシは数の多い水槽のほうへ行くはずだからです。その結果、カダヤシは「一と二」「二と三」「三と四」までは数の大きい水槽のほうへ泳いで行きましたが、「四と五」「五と六」「六と七」「七と八」については区別しませんでした。また四以上の数でも「四と八」や「四と一〇」のように差が大きい場合は数の多い水槽のほうを好みました。つまりカダヤシは数の小さな大小判断（四以下）と差が大きい場合の大小判断はできるということが明らかになったのです。

数量認知の動物界共通点

さまざまな種で数量認知を検討した結果、ある共通点が浮かび上がってきました。それは二つの異なる数量の大小弁別をする際、①それらの数量の差が大きいほど正答率は上がる、②小さな数量のほうが正確に弁別できる、という点です。①は「差の効果」と呼ばれ、たとえば「五と二」の弁別（差＝四）は五のほうが多いと確実にわかっても、「五と四」（差＝一）を比べるときにはときどき間違えてしまうというものです。②は「総量の効果」と呼ばれ、差が同じ一でも、たとえば「二と一」の弁別は容易でも、「一〇」と「九」は難しいというようなことです。

このような効果はこれまでに研究されたすべての動物に共通して見られています。さきほどのカダヤシの例でもそうでしたが、たとえばジョセップ・コール氏による研究でのオランウータンにも同じ傾向が見られます。一個から六個のレーズンが入ったお皿をふたつ見せ、ほしいほうのお皿を指差すという方法で調べたところ、三頭のオランウータンはいずれも平均すると八〇パーセント以上の確率で数の多いお皿を選びました。しかし詳細を分析すると、かれらの成績には差の効果と総量の効果が見られました。たとえばほかのすべての組み合わせで正答率が一〇〇パーセントだったシャンティというオランウータンも「五と六」だけは正答率が六割をきってしまったり（差の効果）、ソロというオランウータンは「一と四」は正答率が一〇〇パーセントでしたが「二と五」「三と六」と数が大きくなるにつれて正答率が八三パーセント、六七パーセントと徐々に下がったのです（総量の効果）。

数量認知の脳内イメージ

なぜ動物たちの弁別能力はこれらの効果に影響されるのでしょうか。それは、かれらの脳が数量を「量に変換」して認知しているからだと考えられています。イメージとしては数量認知用コップが脳内にあり、「五と三」を弁別するとき、「五」はコップ一杯の量、「三」はコップ六分目の量という具合に、目分量で弁別しているのです。そしてこの目分量があまり正確ではなくて誤差が生じてしまうため、差や総量の影響を受けると考えられます。動物たちには数量を数えるための言語がないから、こうした数量認知用コップを使っているのだと言えます。

ヒトも、言語学習以前の幼児の数量弁別は差や総量の効果を受けることが知られています し、大人でも数を数えるのに十分な時間が与えられない状況で数量弁別課題を行うと、やはり差や総量の効果を受けます。また、数字がない言語を話す人々（たとえば、アマゾン川流域に暮らすピダハン）の数量認知にも、同様の傾向が見られます。ヒトもほかの動物同様、この数量認知用コップを持っているけれども、「一、二、三……」という数を数える言語を使うことで、誤差を解消しているのです。では本書の主役、ゾウたちの数量認知はどのようになっているのでしょう？

ゾウだって数を「数えられる」!?

私たちがゾウの数量認知実験のためにまず用意したのは、頑丈なスズ製バケツをふたつ、それから大量の果物でした。当時上野動物園で飼育されていたアジアゾウのアーシャ、ダヤー、アティ、そして市原ぞうの国のテリーに実験に協力してもらいました。ゾウにはそれぞれ飼育担当者の方がいて、その方々に協力していただきゾウに「止まる」と「よし」、「戻る」の三種類の号令をかけてもらいました。

ゾウが止まっている状態で、約三メートル離れたところにふたつのバケツを並べました。それからそれぞれのバケツに果物をひとつずつ落としていきます。提示する数量が「四と二」の場合、まず左のバケツにひとつずつ四回果物を落とし、それから右のバケツにひとつずつ二回果物を落としました（図3－4）。「よし」と合図が出るとゾウは寄ってきて、バケ

図 3-4　数量認知実験。実験に参加するアジアゾウのアーシャ。アーシャはこの実験が大好きだったようで、一生懸命参加してくれた。

ツから果物を食べます。このとき、最初に鼻が触れたバケツを「ゾウが選択した」と判断し、選択されなかったもう一方のバケツを回収しました。ゾウが果物を食べ終わったら「戻る」の号令を出してもらい、ゾウがスタート地点に戻ったら再度バケツを並べ、課題を繰り返しました。

課題では一から六の間の数量を出しました。その結果、ゾウたちの大小弁別成績は七〇〜八〇パーセントで、弁別していることが示されました。さらにくわしく分析してみると、いずれのゾウも差や総量に影響されていないことがわかったのです。「四と二」の弁別も「六と五」の弁別も、成績に違いはありませんでした。つまり、アジアゾウの数量認知はこれまでに調べられた動物たちに見られるような、差の効果や総量の効果が見られなかったのです。

そこで同じ課題を、広島の安佐動物園にいるサバンナゾウのタカとマルミミゾウのメイにも与えてみました。その結果二頭とも数量の大小弁別はできることがわかりました。しかしかれらの場合は、ほかの動物と同様に差や総量の効果を受けていることがわかりました。つまり差が小さくなるにつれて成績も徐々に低下していったのです。

サバンナゾウとマルミミゾウについてはこれまでまだ一頭ずつしか調べていないので種としての議論はできませんが、少なくともこれまでのところは、同じゾウでもアジアゾウだけがほかの動物と数量認知の成績傾向が異なるとわかったのです。

ではアジゾウの数量認知は他種と比べてどう違うのでしょう。答えは今後研究していかなければわかりませんが、可能性は三つあげられます。ひとつは、アジアゾウの数量認知コツプの目分量が、他種と比べて、より正確であるだけという可能性です。この場合、数量認知の方法自体は他種と同じで、特別なものではないと言えます。もうひとつの可能性は、アジアゾウは数量を「数えている」可能性です。これは、ヒトの大人のように数量を絶対的な値として整理できる言語のようなものを持つ可能性です。そして最後のひとつは、アジアゾウの数認知が、他種とはまったく異なる方法であるという可能性で、どのようなものかは現時点では見当もつきません。いずれにしても、ゾウの数量認知研究はおもしろい題材のひとつと言えそうです。

足し算もできる

バケツに果物を落としていくという手法を応用して、アジアゾウが足し算をできるか調べました。たとえば左のバケツに一個、右のバケツに二個、再度左のバケツに四個、右のバケツに二個と、順にリンゴを落とします。それからゾウに、どちらか一方のバケツを選んでもらうわけです。左のバケツは「1＋4」、右のバケツは「2＋2」ですから、足し算ができるならば、左のバケツを選ぶはずというわけです。このテストを、二頭のアジアゾウ（当時上野動物園に飼育されていたアーシャと京都市動物園の美都）に受けてもらった結果、二頭とも和が大きいバケツを好んで選択していることがわかりました。さらに、この実験の成績にも、差の効果や総量の効果は見られませんでした（**表3－1**）。

ところで、このような〝めんどくさい〟課題になると、ゾウがそもそもやる気をだしてくれなければ成立しません。「べつに一個多くリンゴをもらえようが、どっちだっていいわ」とゾウが思ってしまったならば、きちんと能力を測ることができないからです。実際に、な

表3－1　提示した式（和＝３～７）と正答数（６試行中）

	美都	アーシャ		美都	アーシャ
1＋2 vs 1＋4	3	6	4＋1 vs 3＋3	4	6
2＋1 vs 1＋4	4	5	3＋2 vs 2＋5	6	6
2＋2 vs 2＋4	5	5	3＋1 vs 5＋2	5	5
1＋3 vs 5＋1	3	5	5＋1 vs 3＋4	4	5
3＋1 vs 1＋4	3	4	全体の正答率（%）	68.52	87.03

二項検定で有意（$p < .01$）

かには、どんなテストかに関わらず、ずっと左ばかり選択するゾウもいました。人間は、「どんなときも自分のベストを尽くしたい」という気持ちを持ったり、テストだと言えば、たいていの人は一生懸命やってくれますが、動物にとっては、正直どうだっていいこともあるのです。そのため、実験に使う果物などの報酬は、それぞれの個体の好物を用意したり、実験に参加してくれるゾウと、普段から仲良くなるように努めることも、研究をするうえでは、とても大切なことになります。

京都市動物園の美都ちゃんのために、実験の日は、毎日八百屋さんに行って、美都ちゃんの好物のミカンを一箱買って持って行きました。また、市原ぞうの国に通ったときには、バナナを山盛りに入れたふたつのスズ製のバケツを両手に持って電車に乗り、乗り合わせたおばあちゃんに、「大変ねぇ。そんなにバナナを買って、どこ行くの？」と、不思議がられたこともありました。タイでは、朝いちばんに市場へ行き、大きなリュックに入るだけ山盛りのバナナを買っていくので、「おかしな日本人ねぇ」と笑われたこともあります。なりふり構わず、ゾウのためなら、何だってできたものです。そして、実験の前後には、協力してくれたゾウの目を見つめて、「本当にありがとう。大好きだよ」と心の中で唱えながら、お礼の果物をひとつずつ口に入れました。片思いに終わったこともありましたが、多くのゾウたちは、実験を楽しんでくれたと思っています。

タッチパネルを使った実験

ゾウの数量認知能力を調べる実験で、もうひとつ、タッチパネルを使った実験を行いました。私たちは、指先を使ってパネルを操作しますが、ゾウには、鼻先を使ってもらいました。ゾウの鼻先は、直径一五センチメートルほどですが、何よりも、ゾウの鼻は筋肉のかたまりですから、ものすごい力です。その力に耐えうる強度の画面を用意しなければなりません。私は、タッチパネルを製造している株式会社 eit の方と打ち合わせを重ね、大型の液晶テレビに、水族館の水槽にも使われている分厚いアクリル板を使ったタッチセンサーをはめ込むという形に仕上がりました。タッチパネルを導入したことで、セッション開始からゾウが反応するまでの正確な時間を計測できるようになりました。すると、とても面白いことがわか

図 3-5　ウタイとタッチパネル。アジアゾウのウタイは、タッチパネルに課題が表示されると、鼻先でタッチして答えた。

ったのです。

研究結果をご紹介する前に、どのようにして、ゾウにタッチパネルの操作を覚えてもらったのかということからお話しましょう（図3－5）。実験に参加してくれたのは、上野動物園のウタイです。ウタイとの付き合いは、二〇〇四年卒業研究のころからで、断続的ではありますが、かれこれ一〇年弱のころでした。ウタイは私がいると、何か〝ゲーム〟をやるんだということは、理解していたと思います。台車に固定されたタッチパネル装置を初めて見せても、とくに驚いた様子はなく、ただ「なにそれ!?」と興味津々でした。

めいっぱい鼻をのばして、パネル表面に泥交じりの鼻水をたっぷり塗りたくってきます。でも、分厚いアクリル板は、びくともしません。ただ、泥交じりの鼻水がセンサー部分につくと、センサーがうまく反応しなくなってしまうので、実験の前にウタイの鼻先をきれいにふく必要があることに気づきました。

初日は、装置になれるということで、好きに触らせてやればいいかなと思っていました。ところが、ウタイの飼育担当者の方が、「ウタイ、表面にちょん、だよ」と手でお手本を見せると、ウタイはその様子をじっと見て、その次の瞬間、そっと鼻先でパネルをちょんっとしたのです！「いいね!!」飼育担当者の方と声をそろえて、ウタイのことを、心を込めて褒めちぎりました。

次の日は、画面にターゲットとなる図を表示して、ウタイがその図にうまくタッチすると「シャラララン」と陽気な音が流れるようにしました。その音を合図に、私はウタイを「そうだよ!!」と褒めて、ご褒美の乾パンを与えました。この程度のことは、ウタイにとっては朝飯前です。あっという間に覚えました。

次の段階では、画面にふたつの四角い絵を表示します。四つの果物の絵が描かれた四角と、果物がひとつだけ描かれた四角です。ウタイが果物が四つ描かれた四角を選ぶと、「シャラ

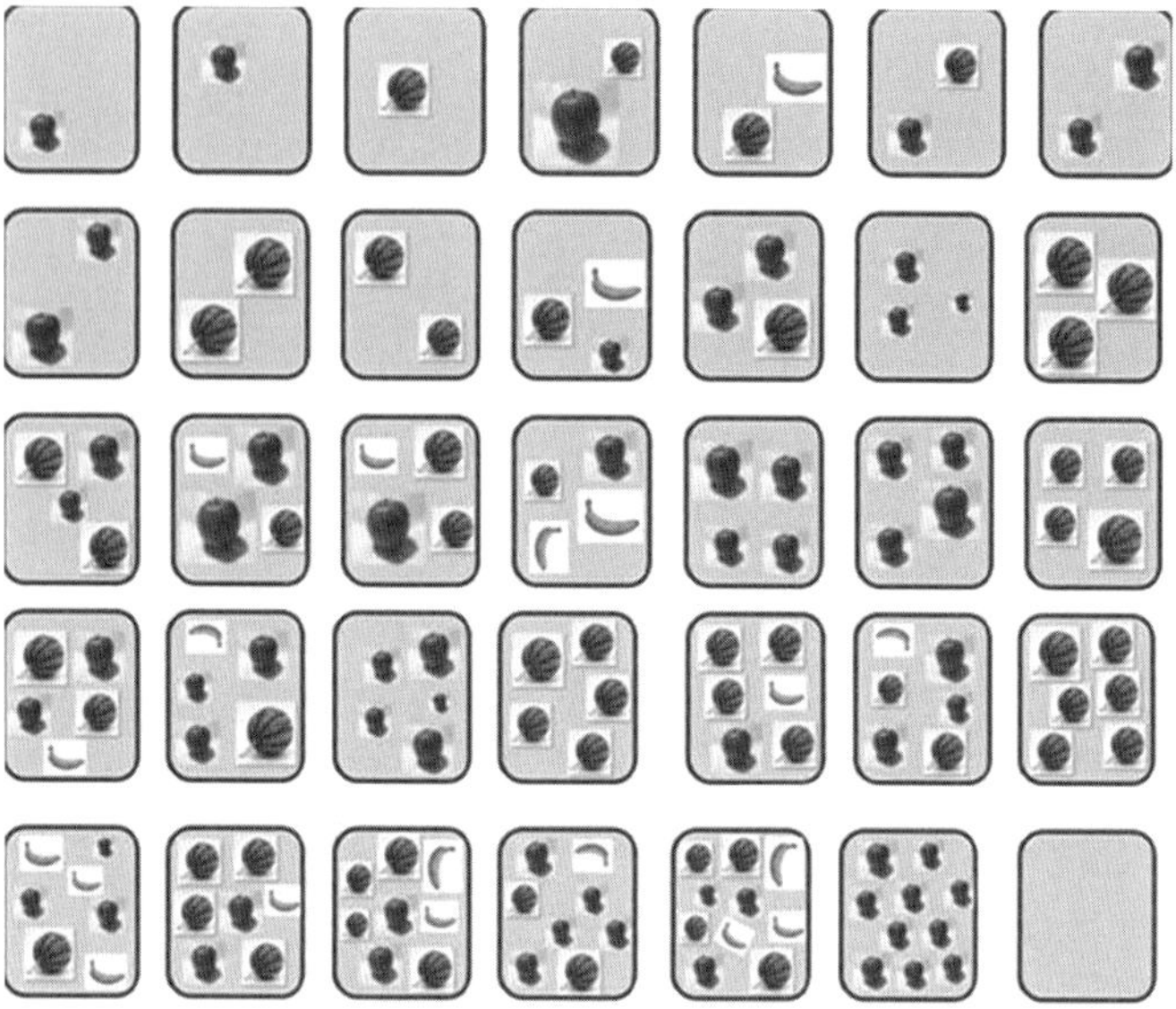

図 3-6　タッチパネル提示図。課題では、これらの果物の図が対で提示され、ウタイは、果物の数が多いほうの図を選ぶことが求められた。

ララン」と音がして、私は乾パンを与えました。つまりここでは「四対二」の大小判断の課題が提示されていて、「多いほうを選ぶ」と正答とされることを、学習してもらっているのです。これがすむと、提示する数のパターンを増やして、さまざまな数のペアの大小判断課題を提示しました（図3-6）。

その結果、予想どおり、ウタイの成績には差の効果や総量の効果はやはり見られませんでした。おもしろかったのは、この先です。ウタイの反応時間（課題が提示されてからウタイが答えるまでの時間）には、差の効果がばっちりと見られたのです。つまり、ウタイは大小が明らかな簡単な課題にはすらすらと答えていたのに、差が小さくてヒトでも「ちょっと待てよ……」と慎重になるような課題には、時間をかけて答えていることがわかりました。実験の様子を撮影した動画をあとから見てみても、簡単な課題のときにはテンポよく答えているのに、ちょっとややこしい課題のときには、画面上を鼻先がちょっと迷ってから、ちょんっと答えている様子が撮影されていました。ウタイの心の中の迷いが、反応時間という数字にきれいに表れたことが、私には何とももうれしかったのを覚えています。

ちなみに、このタッチパネル装置の訓練は、ほかのゾウにも受けてもらったのですが、見事タッチパネルの操作を学習し、実験にまで進めたのはウタイだけでした。もちろん、ほかのゾウにも、個々に合った条件を整えたり、もう少し細かく段階を組んだ訓練を行えば、学習することはできた可能性は十分にあったと思いますが、私は、実験に参加することをゾウ自身が楽しみにしてくれるということを、何よりも大切にしてきました。なので、最初からゾウ自身が乗り気でない様子のときや、実験状況にイライラしているのがわかった場合には、すみやかに実験を中止しました。実験がゾウにとってストレスになってしまうことは、絶対に避けたかったし、ゾウがやる気がないのに無理やり日課として実験に参加させて、万が一、飼育担当者の方とゾウの関係がこじれてしまったりしたら、取り返しがつきません。研究者としては、ゾウをあまりに過大評価してしまうことはいけませんが、ゾウと接してきた個人としては、ゾウは本当に賢く、そして繊細な動物だと思います。どこまでクリーンに客観的なデータを集められるかということは、とても重要ですが、飼育下という限定的な状況下に加えて、とてつもなく大きなゾウを相手にすることで、いつもそのことに悩まされていました。

臭いで「量」がわかる

先にも登場したプロトニック博士は、ゾウが臭いを頼りに、どれほど正確に量を把握できるかという実験をしました。好物のひまわりの種が多く入ったカップと少なく入ったカップのどちらを選択するかというものです。視覚的に判断することができないように、カップの中は直接見えないようにしました。ひまわりの種の量は、四グラムから二四グラムで、四グラムずつ増減させました。その結果、ゾウは臭いを嗅ぐだけで、多いほうのカップを選択することができたのです。正答率はだいたい六〇から八〇パーセントでしたが、ふたつのカップの量の差が大きいほど、正答率は高くなりました。それにしても、八グラムと一二グラムのひまわりの種を嗅ぎ分けることができるとは、驚きです。私も自宅にあったアーモンドで試してみましたが、まったくわかりませんでした。みなさんも、ぜひ試してみてください。

ちなみに、プロトニック博士は論文の中で、もしかするとオスゾウとメスゾウの間に、嗅覚の違いがある可能性を指摘しています。人間では、女性のほうが嗅覚が優れていることが示される研究がいくつかありますが、ゾウの場合はどうなのでしょう？ そして、そうした性差は、なぜ生まれたのか？ 今後もプロトニック博士の研究から、目が離せません。

ところで、ゾウにとっては視覚よりも嗅覚が大切だろうから、実験も嗅覚を使ったものにしてみようというプロトニック博士の考え方は、とても大切なのに、これまでのさまざまな動物研究に欠けていた視点だと思います。たとえば人間は、視覚がとても発達した種で、視覚からたくさんの情報を得ることができますが、視覚以外にも、聴覚、触覚、嗅覚など、どの感覚から外界情報を得るかは、種によって千差万別です。認知研究で動物の種間比較を行う際、どの知覚を用いた実験デザインなのか、そしてそれが結果に及ぼす影響はどの程度と推測されるのかを、常に念頭に置いていかなければならないと思います。同様のことについて、先にご紹介した、マークテストに合格したことを報告するホンソメワケベラの論文の中でも、アルバート・アインシュタイン氏の言葉を引いて言及されています。

If a fish is judged by its ability to climb a tree, it will live its whole life believing it is stupid.
（魚を木に登れるかどうかで評価するならば、かれらは間抜けの烙印を押されることになる）

――アルバート・アインシュタイン

第三章では、さまざまなテーマの研究を紹介しました。そして、どんなことを研究テーマに設定しても、ゾウとヒトとは共有するものが多いのだという事実が判明しました。ゾウとヒトとは、一億年以上も前に分岐したはずですが、仲間を思いやり、支え合って生きることで、激動しつづける環境に対応してきた同志なのかもしれません。だからこそ、ヒトとゾウは魅かれ合い、わかり合えるのだと思います。

ところで、私は、さきほど紹介したズグロオトメインコのオトちゃん（図3－7）のほか、いまはボタンインコのぷくちゃんと暮らしています。インコや小鳥と暮らしたことがある方には、きっと大きく賛同していただけると思いますが、かれらとは、本当に愛し合ってわかり合うことができます。かれらは私たちの言葉や表情を理解して応えてくれるし、こちらに

図 3-7　オトちゃんと娘。ズグロオトメインコのオトちゃんは、私のことをパートナーとしていたようで、あとから家族に加わった娘のことも、わが子のようにかわいがってくれた。

もかれらの気持ちがひしひしと伝わってきます。鳥類と哺乳類の祖先種が分岐したのは、いったいいつのことでしょう？　それでも、私たちとかれらの間には、感情という共有するものがあるのです。裏を返せば、感情というのは、何億年もの環境変動と淘汰の波に耐え抜いた、いわばオールマイティな能力なのだと言えるのかもしれません。この先待ち受ける気候変動をヒトが乗り越えていけるかは、どれだけ自分たちの感情を大切にできるかということに、かかっているのかもしれません。

コラム③　ゾウ研究への扉

ゾウを研究したいと思ったら、いくつかの方法があります。野生ゾウを研究するのであれば、そのゾウの生息地のある国の大学と共同研究にするか、単独で新たに研究サイトを立ち上げるならば、自らその国に研究申請を出して、許可を得なければなりません。私は残念ながら、ごく短期間にスリランカの野生ゾウを観察したほか、野生ゾウの研究はしたことがありません。

飼育ゾウの研究をするならば、まず、その飼育施設に研究申請をします。日本ならば、動物園の広報課や教育課といった窓口がありますので、そういったところへコンタクトをとり、必要な書類を準備します。その動物園によって違いますが、たとえば、研究計画書を作成します。計画書には、細かい実験手順を、わかりやすく記します。窓口からの許可が得られたら、今度は、飼育担当者の方との打ち合わせです。ゾウたちの性格や個性、飼育スケジュールをふまえて、実際にどのような段取りで実験を進めるかを決めていきます。

私が一番長く研究したのは上野動物園でした。まず、飼育実習を二週間行い、お目当てのアジアゾウのほか、ゾウを担当している飼育班が担当するほかの動物たちの飼育も実習しました。ニホンザルやホッキョクグマなどです。大学も文学部に在籍し、それまで力仕事などしたこともなかった私は、それはもう、毎日筋肉痛でした。ゾウのうんちの掃除に使うスコップだって、大穴をほるときに使うような鉄製のものです。はじめのうちは、持ち上げるのもなかなかつらいほどでしたが、いまでは片手で軽々持ち上げられます。その後も、私はどんどんたくましくなりました！　ほかの動物園で実験しているときには、毎朝、バナナがいっぱいに入ったバケツを両手に持って電車で通ったし、なんといっても、ゾウに使う実験器具は、どれも重たくて頑丈で硬くて大きいものばかりでしたから。

さて、上野動物園では、実習期間が終わったあとも、ほとんど毎日動物園に通いつづけました。そうすることで、飼育担当者のみなさんの一日の様子とゾウの一日を、身をもって理解することができたうえ、みなさんとの信頼関係も築くことができました。そして、ゾウのお世話をすることで、ゾウとの距離も縮まったと思います。結果、断続的ではありますが、一〇年ちかくもの間、上野動物園で研究をつづけることになったのです。

研究を第一の目的にゾウを飼育している施設は、世界中のどこにもありません。そのため、各施設の掲げるものごとの優先順位を理解し、その目的を壊さないように、細心の注意を払って、研究を進めることを忘れてはいけません。そこが難しいところではありましたが、それこそ、私たちの祖先が切磋琢磨して獲得した社会脳を活用して奮闘しました。そのおかげで、野生環境だけでなく、各国の動物園を取り巻く問題も知ることができました。さまざまな方面から、ヒトという動物のあり方を考えるきっかけとなりました。ヒトが今後、自然環境の中でどう生きていくべきなのかということを、これからも考えつづけたいと思います。

第４章

ゾウの特殊能力

黙ってこちらを見つめるゾウ
本当は何か話しかけていたのかもしれない。

第三章では、ヒトとゾウの共通する能力について紹介しましたが、ここでは、ゾウ特有の能力について紹介していきたいと思います。ゾウは、まずはその大きさゆえに神秘的に感じられますが、それ以外にも、ヒトのそれとは交わらない特有の知覚世界から生まれる独特の世界観を持っているように思います。科学の力で、かれらの世界をちょっと覗かせてもらいましょう。

一　予知能力とテレパシー⁉

ゾウが不思議な能力を持つという話を聞いたことはありますか？「地震を予知した」とか「衛星で確認すると数十キロメートル離れた群れどうしが同調して移動していた」といった話です。ヒトの常識を越えた一見不可解なこういった行動も、ゾウにとっては当然のもので何も魔法のような非現実的な話ではないことがあります。そのからくりをひも解くポイントは、「低周波音声」です。

インド洋大津波を「予知」

二〇〇四年、衝撃的なニュースが飛び込んできました。それはインド洋で大津波が発生し、多くの尊い命が犠牲になったというものでした。そのニュースの中でゾウに命を助けられた人がいるという情報がありました。津波が到達する三〇分前に、海岸にいた観光客を相手にツアーの仕事をするゾウたちが興奮し、高台へ走っていったということです。そのためゾウの背に乗っていた人たちは難を逃れることができました。ゾウは津波が来ることを本当に予知したのでしょうか？

「予知」が、事が起こる前に知るという意味ならば、ゾウは津波が来ることを予知したとは言えません。なぜならゾウにはその時点で津波の音が実際に聞こえていたのです。つまりゾウは津波の発する不穏な音を聞き、その音から逃げたのです。その不穏な音とは、低周波音です。

私たちヒトの内耳は、ゾウのものと比べると小さいため、あまりに低い音を音として聞き取ることはできません。私たちの耳に聞こえるのは周波数が二〇ヘルツ以上の音だけです。

一方ゾウの内耳は大きく、より低い周波数も音として聞くことができます。一説にはゾウは一〇ヘルツ以下の低周波音にも反応すると言われています。地震は発生時に低周波音を発します。津波も地震によって引き起こされますから、津波発生時も低周波音が発せられていることになります。低周波音は水中を速いスピードで伝播《でんぱ》していくので、津波が沿岸に到達する前に伝わってきます。ゾウはその低周波音を聞き、とんでもない災害が起こっていることを知って逃げ出したのでしょう。

遠くの群れとテレパシー!?

ゾウの群れに発信器をつけてその動きを衛星で追うと、数キロメートル以上離れた群れどうしが、まるでテレパシーで連絡を取り合っているかのように同調して移動していることがあります。あるいはひとつの群れが、別の群れが水場を離れるのをまるで待っているかのように、数キロメートル離れた地点で待機していることもあります。かれらはどのようにして他の群れの動きを把握しているのでしょう？　臭いでしょうか？　ゾウの嗅覚はとても優れていますから、否定できません。しかし臭いは風などに流されてしまうかもしれません。より確実なのはやはり音でしょう。ゾウは低周波音でお互いの位置を把握しているのだと考えられています。

低周波音は高い周波数の音と比べると減衰しにくく遠くまで届く性質を持ちます。風のない静かな涼しい夜で、土壌も適していれば数十キロメートル先まで低周波音は届くそうです。また、ゾウの発する低周波音は一〇〇デシベル以上のこともあり、私たちの会話する際の声の大きさなど比べものにならないくらいの大声を出しているのです。さらにゾウは音声から個体を識別することができます。「知り合いのゾウがいるな」「ちょっといまは会いたくないゾウがいるな」ということも低周波音を聞けばわかるのです。

携帯電話などを使わない限り、ヒトが難なく会話できる範囲はせいぜい一〇〇メートル程度でしょう。ゾウにとってはその距離が数キロメートルを超えるのです。ゾウたちは野生において、とてつもなく広大な地に暮らしているように思えますが、かれらの感覚からしたらそのスケールはさほど大きなものではないのかもしれません。

ちなみにゾウ以外にも低周波音声を発することが知られている動物がいます。海ではクジラ、また陸ではキリンやオカピ（キリンの仲間）です。低周波音声の解析はどの種においてもまだ十分に進んでいません。動物たちが人間には聞こえない声でコミュニケーションをとっているという事実が知られたのは、ここ五〇年のことです。人間の知覚世界が、実在する物理世界のほんの一部でしかないことを思い知らせてくれ、それはどんなファンタジーよりも、わくわくさせてくれます。

ゾウの音声コミュニケーション

ゾウにとって低周波音は普段自分たちが会話するときにもよく使うありふれた音です。さて、ゾウの鳴き声というとやはり「パオーン」が思いつきますが、これは警戒音声、つまりヒトの「キャー!」という叫び声にあたります。ゾウの鳴き声はヒトが解析しただけでも、じつに八〇種類以上あると言われています。たとえばヒトの耳にも何とか聞こえるランブルと呼ばれる声があります。それは「ブルルルルウ」とまるでお腹が鳴っているかのような音ですが、これもほかの音声と同様に咽喉を震わせて発しているものです。挨拶するときのほか、群れのメスの交尾が成立したときのお祝いセレモニーでも発せられるものです。このランブルは周波数二〇ヘルツ台なので、耳を凝らしてようやく聞こえる程度です。普段動物園のゾウを見ていても「よく鳴く」というイメージは持ちません。ほとんど無言に見えるからです。しかしそれはゾウが無口だからではなく、かれらの会話が低周波音中心で、私たちに聞こえないからです。

ヒトには聞こえないゾウたちの会話

ゾウの低周波音コミュニケーション研究は難しいものです。録音して研究室に持ち帰って解析すると、たしかに低周波音を確認することができますが、観察していてもどのゾウが鳴いたのかを特定することは困難です。そのため低周波音声が存在することは一九七〇年代に明らかになっていましたが、どのような状況で発せられるのか、またどのような意味を持つ音声なのかといった詳細はまだ研究が進んでいません。

私たちが、スリランカで野生ゾウを観察していたときのことです。低周波音に対応したマイクも持って、ゾウの音声も録音していました。あるとき、私たちが乗った車の右側から、ゾウの群れが道路を渡り始めました。私たちは車を止めて、静かに見守りました。群れがすっかり渡り終えたと思ったときに、まだ道路を渡らずに取り残された親子がいることに気がつきました。親子は落ち着かない様子でしたが、間もなく、左側の茂みから大きなゾウがぬっと姿を見せると、親子は小走りに道路を渡り、三頭は茂みの中に消えていきました。こうしたやり取りは、まったく無音の中繰り広げられたと思っていましたが、あとから録音データを調べると、この間、どうやら親子と、戻ってきた第三のゾウは、音声でやりとりしていたようなのです。でも、どの音声がどのゾウのものだったのかということまでは、分析できませんでした。

音カメラでゾウの会話をとらえる

どのゾウが鳴いたのか特定できないという問題点を解決できるのが「音カメラ」(熊谷組、中部電力、信州大学の共同開発)です。音カメラはもともと騒音の音源がどこなのかを探すために開発された音源探査装置です。音カメラで拾える音の周波数は、高い音が五〇〇ヘルツまで、低い音は一〇ヘルツまでです。ゾウの低周波音声は一〇ヘルツから二〇ヘルツの間ですから、感知されるはずです。そこで、国内でもっとも多くのゾウが飼育されている市原ぞうの国で調査をしました。

音カメラには集音マイクが五つつけられていて、それぞれのマイクに音が到達するまでの位相差を利用して、音源の位置が計算されるしくみになっています(図4-1上)。音カメラのセンサ部には小型カメラが設置されており、カメラから取り込んだ画像の上に音源方向、周波数、音圧レベルを〇印の大きさと色で表示するようになっています。音源の位置に〇印が現れ、高い鈴虫の声は赤、ヒトの話声は緑、そしてゾウの低周波音は青といった具合に色が変わります。また音が大きければ大きいほど〇印の大きさも大きくなります。カメラをゾ

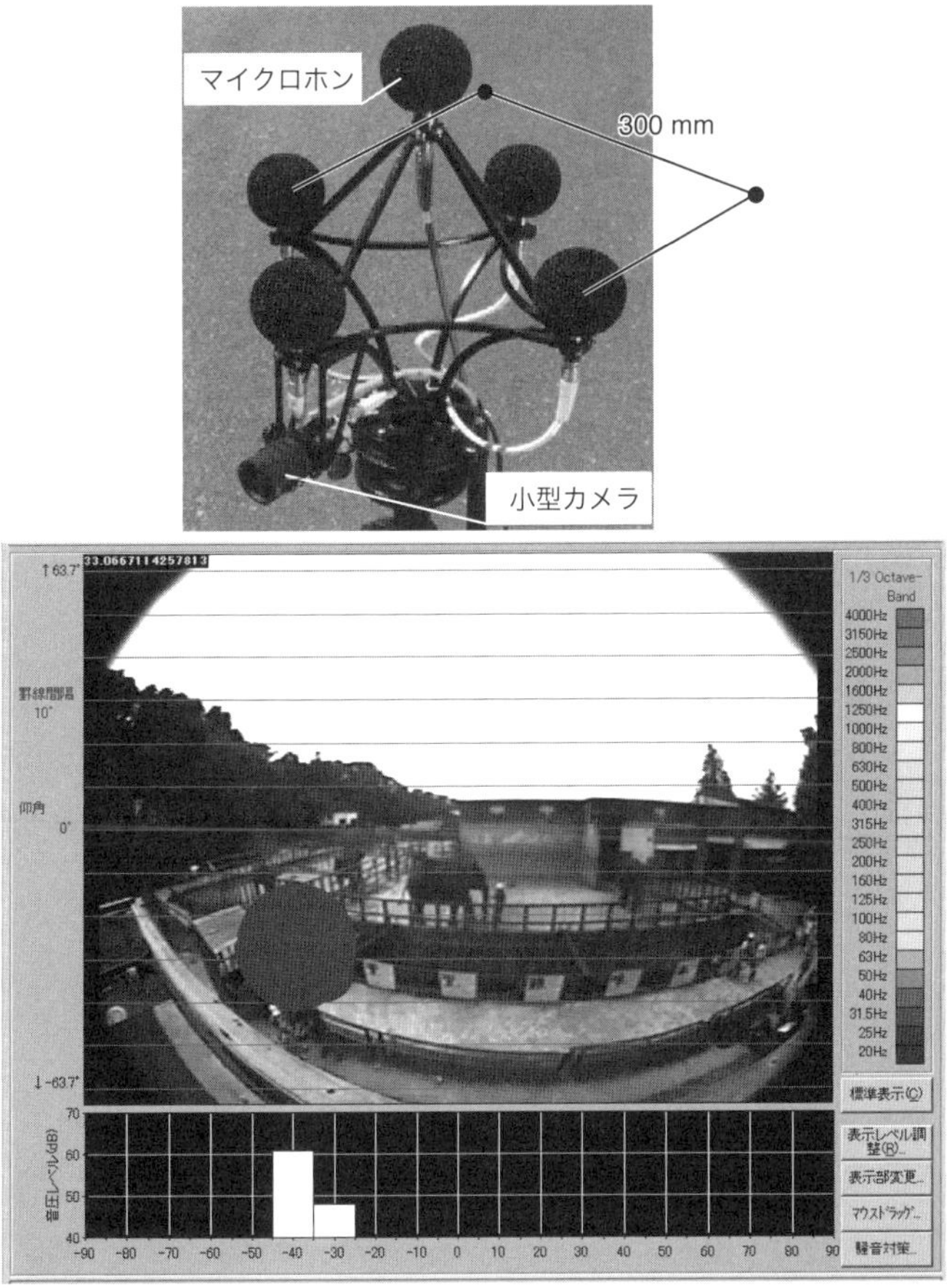

図 4-1　音カメラと音カメラ映像。音カメラには五つのマイクが設置されていて、音源の位置が測定される（上）。私たちの耳には聞こえない低周波音が発せられると、画面に青い丸が表示され、音源の位置や音の大きさを視覚的に捉えることができる（下）。

ウに向けて録音していれば、鳴いたゾウの画像上に青い丸が示されるのです（図4－1下）。

そうして録音をしたところ、カメラに映された六頭のゾウの画像上に次から次へと青い丸が現れては消え、また現れては消えが繰り返されたのです。観察していた私には、普段ののどかな動物園のゾウの風景としてしか見えていないのですが、パソコン画面を確認すると、そのときもゾウたちは間違いなく鳴き交わしていたのです！　それもすぐ隣にいるゾウたちも交互に鳴き交わしていました。姿が見えない個体とだけでなく、すぐ隣にいる個体とも低周波音声で会話することがわかりました。録音したゾウの低周波音声を四倍速で再生してみると、私たちの耳にも聞こえる高い音になります。するとゾウは「ンモォ～……ブブブブ」と言っていました。

こうした装置を使った研究が進めば、どの状況でどの個体がどういったパターンの音声を発しているかがはっきりとわかります。ゾウの会話の内容までわかる日は、近いかもしれません。

二　ゾウは芸術家⁉

ゾウが描いた絵を見たことはありますか？　ゾウは訓練をすると見事な絵を描くようになります。また訓練を受けていない野生ゾウでも、「棒を拾って地面に何やら落書きをしているようだった」という観察例が報告されています。絵を描くという行為は、いったい何を意味するのでしょう？　またゾウは自分が何を描いているのかわかっているのでしょうか？　絵を使って何かを表現しようとしているのでしょうか？　「絵を描く」という行為について科学的な研究はほとんど進んでいませんが、「ゾウが描いた絵」を語らずにゾウの認知のすべてを語ったとは言えません（**口絵「絵描きゾウの絵」**）。ゾウが描く絵は見る人を魅了します。ゾウが描く絵にこそゾウの心の世界を覗く第一歩があるかもしれません。

絵を描く

春先に窓から外の庭を眺めて目を細める実家の犬が、何の感情も抱かずそのような表情を浮かべているとは考えられません。色や形に個々の好みを抱く感情は、おそらく多くの動物が共有するものでしょう。さらに芸術的感性も多くの動物が持っていると思います。たとえばアズマヤドリという鳥のオスは、自分の身の回りの草でステージをつくり、鮮やかな色の花や木の実でそれを飾ります。その飾り方には個性が見られ、それぞれのオスの感性が表現されています。また鳥のメスはオスの歌声を聴いて配偶相手を選びます。メスはオスの歌声に対し、山歩きをしているヒト以上に敏感にその違いを聞きとっているのです。では芸術的活動のうち、絵を描く行為はどうでしょうか？

ヒトの幼児は幼稚園などで鮮やかな色のクレヨンや絵の具を使って絵を描くことを習います。それ以前にも、お母さんの口紅で壁に落書きしたり、砂場をキャンバスに思い思いの線を棒で描いたりといった機会があったかもしれません。大抵のヒトはそれが何か他人にもわかる絵を描くことができます。美術館に行けば、写真と見間違うほど精巧でリアルに描かれた絵画が飾られています。

ヒトの幼児の描く初期の絵には発達的段階が認められます。最初期には「手を動かすとそれに同期して紙の上にしるしが現れる」ということを楽しみ、「手を動かす行為」と「しるしが現れる」ということが絵を描く目的になります。この段階では、しるしはぐちゃぐちゃに描かれ、最初に描いたしるしがあとのしるしに重ねられて見えなくなってしまうような作品が残ります。次の段階では「自分の描いたしるしを作品として残したい」という願望が生まれ、しるしを重ねて描かなくなります。さらに点、波線、直線、ギザギザ線、丸といった具合にしるしの種類も増えていきます。そして最終的にはヒトの似顔絵や家、太陽といった身のまわりにあるものが描かれ、意味のある作品が描かれるようになるのです。

絵を描く行為は、ヒトに特有のものと考えられています。ラスコーの洞窟にヒトによる壁画は残されていても、マンモスやシカやその当時そこに共生していたほかの動物が残した壁画は見つかっていません。現生の動物による絵画と呼べる作品も野生においては発見されていません。

チンパンジーが描く絵

しかし、先にも述べたように動物には芸術的感性を持つものもいます。その証拠に、絵の描き方を教えればその行為を楽しみ、次々と作品を残す動物がいます。私たちヒトとも近縁のオランウータンやチンパンジーなどがそうです。かれらにクレヨンや絵筆を渡し、「こうやって紙にしるしを描くのよ」と手本を見せると、すぐに絵を描きだすそうです（ゴリラも絵を描く個体は知られていますが、見張っていないとクレヨンをすぐに食べてしまうそうです）。かれらの作品には、放射状に延びた幾多もの直線や何本もの波線などの美しい模様が描かれています。初めて描いたものよりも、後になって描いたもののほうが線の数も種類も多く、線に安定感が生まれるなど、明らかに上達していく様子が確認されます。絵を描くことが好きな証拠に、紙やクレヨンを見せられるとおおはしゃぎし、一度それらを渡されるとなかなか返さず一心不乱に絵を描きつづけるそうです。ヒト以外の動物も描く道具と機会が与えられればそれを楽しみ、すばらしい絵描きになることができるのです。

ただし、これまでに述べた大型類人猿の作品には、ヒトの作品とは大きく異なる点がひとつ挙げられます。それはいつまでたっても、何を描いたものなのかわかる作品が生まれないという点です。ヒトの幼児は初めてクレヨンを握ってぐちゃぐちゃのなぐり描きを始めてから、一年や二年たつと、リアルとは言えないにしても、大目に見ればヒトの顔に見えなくもない絵や、言われてみれば犬に見えるというような絵を描き始めます。そのように身の回りにあるものを、紙の上で表現してみようという意思がヒトの幼児にはあるのです。しかし、これまでのところ、ヒト以外の大型類人猿による作品にはそういったステップアップが確認されていません。

ヒトに見える物理世界とほかの動物たちに見える物理世界には隔たりがあるはずですから、

もしかしたらチンパンジーどうしであれば「すごく素敵な花が描けているね!」という具合に、チンパンジーにしか見えない作品の見方が存在する可能性だってあります。しかし、いままでのところ、ヒトのように自分たちの見る物理世界を紙の上で表現しようとする動物は確認されていません。では、ゾウはどうなのでしょう?

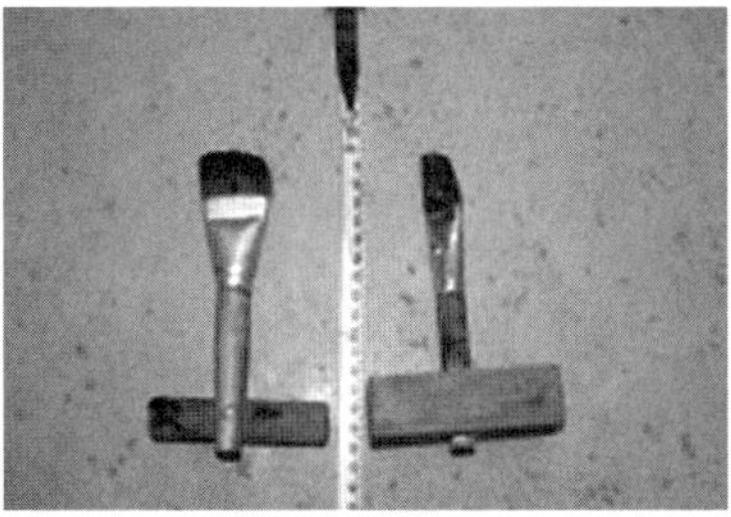

図 4-2　ゾウが使った絵筆。飼育担当者のお手製のゾウ用の筆。ゾウが鼻先でつまみやすいように、工夫されている。

絵を描くことを教える

ゾウがヒトのような絵を描くのか検証するには、まずは絵を描いてもらわなければ始まりません。しかし、野生ゾウでの観察例はともかく、筆と絵の具を使って絵を描くという人間的な行為は、やはり教えなければゾウには理解されません。

まず、「筆は食べ物ではないよ」ということから始まります。筆はたいてい持つ部分は木などの、ゾウにとっては食べ物でできています。(図4-2)なかには筆を手渡されたらすぐに食べようとしてしまうゾウもいるのです。一方で筆を警戒してなかなか触れようとしない慎重なゾウもいます。そのゾウには「筆は変な形をしているけれど、危険なものではないよ。触ってごらん」と教えなければなりません。のちほどくわしく紹介するズーラシアのシュリーのように、こうした過程を教えるのに何カ月もかかったという例もあります。ゾウの世界には存在しない筆ですから、仕方ありません。

さて筆先の毛の部分を前方に向けて持つということができたら、絵の具をつけます。絵の具はたいていの場合、ゾウ使いや飼育員が筆につけてから渡すようです。絵の具は独特のにおいがしますから、敏感なゾウはそれを嫌がってしまうこともあります。ゾウの性格によってかかる時間は違いますが、慣れてくれるまで根気よく待つのです。ゾウの性格や担当者との関係によっては、最初から絵の具のついた筆を渡されても、何の疑いもなくすんなり持ってしまうゾウもいるようです。

絵の具のついた筆を持てるようになったらいよいよ「描く」練習です。紙のほうを指し、筆を持った鼻を誘導し「描く」という号令を教えます。たまたまでも筆先が紙に触れてしるしを描くことに成功したら「そうだよ！　すごいね、それが〝描く〟だよ」と褒めて教えるのです。

ゾウが描いた絵

ゾウが描く絵はその訓練方法によって二種類に分けられます。まずひとつは、ヒトが何かを描かせようと意図して一筆ずつ描き順をおぼえさせてできあがる「訓練画」です。タイのゾウキャンプでは自画像ならぬ自画〝ゾウ〟を描くゾウが人気者です。彼の描くゾウは斜め後ろの視点から描かれ、高く上げた鼻先には花束を握っています。また、まるで熟練の絵師が描いたと間違うほどの水墨画を仕上げるゾウもいましたし、数頭のゾウが協力して幅三メートルにも及ぶ大きなキャンバスに森の絵を完成させる催しなどもありました。日本国内でも市原ぞうの国のゆめ花のように、すばらしい花やヨットの絵、またひらがなや漢字まで書いてしまうゾウもいます。

もうひとつは、ゾウに自由にしるしを描かせる「自由画」です。これにはゾウの個性が存分に表され、力強く太い線を画用紙いっぱいに描いた作品や、波線や点がちりばめられた作品などがあり、どれひとつとして同じものは存在しません。それらの絵を見ると、それを描いているときのゾウの様子がありありと想像され、とても心を打たれました。

よこはま動物園の絵描きたち――自画ゾウを描くシュリー

ゾウの絵を分析するために横浜市にあるよこはま動物園ズーラシアに協力を要請しました。ズーラシアでは当時二頭のメスゾウが絵を描く訓練を受けており、ちょうど訓練画を描くゾウと自由画を描くゾウが一頭ずついました（図4−3）。訓練画を描くゾウの名前はシュリー、自由画を描くのはチャメリーです。

まずシュリーの場合です。シュリーはとても警戒心の強い慎重なゾウだそうです。担当の飼育係さんの話によると、初めて筆を見せられ、持つように促されたとき、シュリーは怖がって二カ月かけても結局持つことすらできなかったそうです。その後半年間の時間をおいて、再度筆を持つ訓練を始めたところ、一カ月ほどしたころに、震える鼻先で、ようやく筆を持ってくれたのだとか。二週間ほど筆を持つことにならしたあと、絵の具をつけた筆を渡し、キャンバスを指差し「ここ、ここ」というと点、点、点……と初めての作品が誕生しました（口絵❶）。一度合点したら上達が早いのがシュリーの特徴です。その後は「点を描いて」と「ここから線を描いて」という二つの号令を覚え、その組み合わせで花を描けるようになりました（口絵❷）。

ここまでで興味深いのが、まず初めての作品においても点が重ならずにひとつずつずらし

図4-3 ズーラシア（当時）の絵描きゾウたち。チャメリー（左）とシュリー（右）。ゾウは、外見だけでなく、性格もそれぞれにちがう。

て描かれたこと、また花の絵に関してもやはり点を互いに重ならずに描いたこと、さらに始点だけ示された線が先に描いた点をつなぐように描かれていることが挙げられます。いずれの場合もシュリーが自分の描いたしるしを見ながら描いていたということを示します。最終的にシュリーはどんな絵も完成させることができるようになりました。自画ゾウを描いたり（図4－4）、文字を描くこともできました。

自分が描いた作品が花やゾウを表していることを理解していたかはわかりません。ただ少なくとも示された始点と終点を正確に再現できるほど、シュリーは鼻先の動きを制御できていたことは注目すべきことで

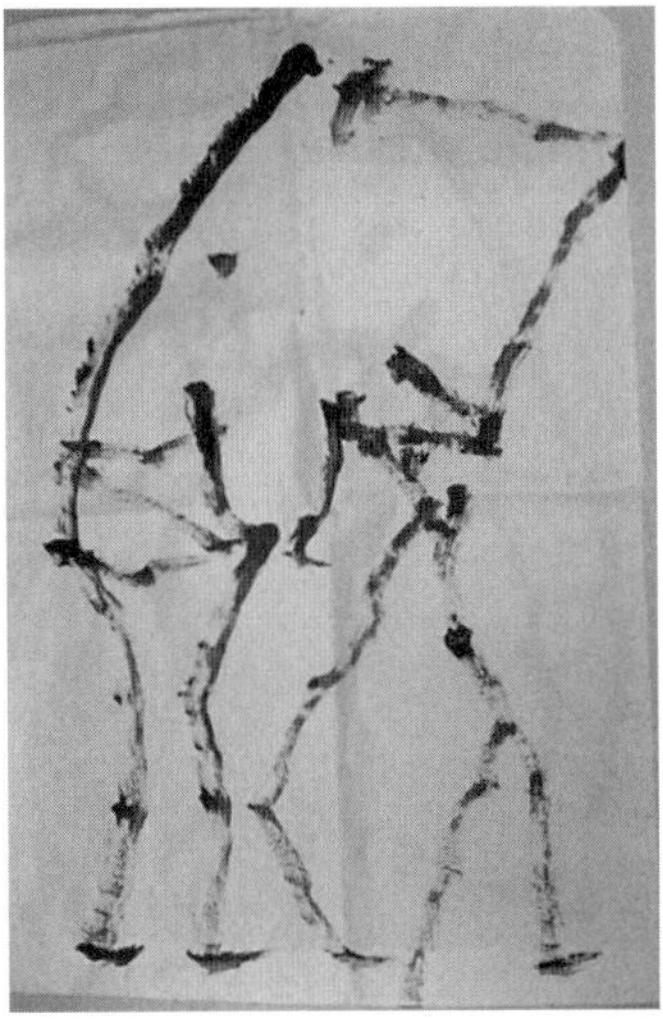

図 4-4　シュリーの自画ゾウ。どこからどう見てもゾウだが、シュリーもそう思っていたのだろうか？

す。右利きのヒトが突然左手で丸を描けと言われたら描けませんね。シュリーが鼻先でそれができたということは、それだけ普段から鼻の動きが熟練され、正確に制御されていたという証拠なのです。

よこはま動物園の絵描きたち──気の向くままに描くチャメリー

次に自由画を描くチャメリーの場合です。チャメリーはズーラシアでは一番年長のゾウで、勇敢なしっかり者のお姉さんです。チャメリーはシュリーと違い、何のためらいもなく筆を握ったそうです。もともと木の棒を拾って鼻を上下に振って遊ぶことをしていたので、その木の棒を筆とすり替えて同じ動きをするように要求したのです。そしてその筆先に絵の具をつけ、画用紙のほうを指し、「ここでやってごらん」と言うと、チャメリーは筆を画用紙に打ち付け、なぐり描きの作品が残されました（**口絵❸**）。それから徐々に上から下に向かう線が描かれるようになったそうです。初期の段階でチャメリーはずっと縦線や斜めの線ばかりの作品を残していました。鼻を上から下へ振り下ろす動作だけで描けるしるしです。しかしここで注目すべきことに、それぞれのしるしは重なり合わず、画用紙全体に縦線がいくつも描かれていました。つまりこの時点でも、やはりチャメリーは先に描いた縦線が、あとから描いた縦線に消されてしまわぬように、わざわざずらして描いていたことになります。

　興味深いことにチャメリーの作品は時間が経つにつれて大きく変化しました。あるとき、突然二つの山が連なるようなしるしを描いたのです（口絵❹）。「アジアゾウのおでこみたいだね」と飼育係さんはうれしそうにチャメリーに話しかけました。その後チャメリーは縦線だけでなく、横線や波線、そしてこの二つの山など、いろいろな種類のしるしを描くようになりました（口絵❺）。その後、たまたまチャメリーが描いた点に「おっ、点描いたんだ」と飼育員さんが反応しました。するとチャメリーは、点ばかりの作品を数多く残すようになりました（口絵❻）。それからしばらく経ったチャメリーの作品には、縦線、横線、波線、二つの山、点など、さまざまなしるしが描かれるようになりました（口絵❼）。ここで、明らかにひとつの形としてチャメリーが繰り返し描いているとわかるのが、二つの山のしるしです。しかも、それは必ず緑色の絵の具で描かれています。「緑色の二つの山」はチャメリーにとって何か特別なものなのでしょうか？　何か意味があるのでしょうか？　もしかして何か身の回りのものを描いているのでしょうか？　その真意はまだわかりませんが、少なくとも、チャメリーが自分の描くしるしの形をきちんと把握して、意図してそれを描いているのだということは言えるのではないでしょうか。

ゾウの芸術研究の今後

　そもそもヒトに絵を描くという行動が進化した理由は何なのでしょう？　洞窟に残された絵には狩りの様子や日々の生活の様子などが多く残されています。ヒトは自分の身の回りの情報を正確に他者に伝えたいという願望があり、その手段として絵を描くという方法を思いついたのかもしれません。情報を与えたい他者というのは、伝えたい情報が得られたときにそばにいなかった者や、そもそも遠方に暮らしていて自分の声が届かない者でしょう。つまり、もともと自分に備わったコミュニケーション手段（音声やジェスチャー）だけでは物理的にコミュニケーションをとることが難しいため絵を描き、共通のシンボルを持ったと考えられます。

　そうだとすると、ゾウの場合は直接音声でコミュニケーションをとれる範囲が数十キロメートルです。絵に描いて仲間に情報を共有せずとも、直接その場で音を使って伝えることができるのです。ヒトよりもコミュニケーションできる範囲が大きいため、情報伝達として絵を描くという手段をとる必要がなかったのでしょう。

ゾウは器用な鼻先を持ち、画用紙の前でじっとして絵を描く行動に集中できるだけの忍耐強さを持ち合わせています。また届かないところにある餌を引き寄せるのに竹を使うなど、道具をつくり出す能力も備わっています。お絵描きを楽しむ知的好奇心も持っています。このように絵を描くのに必要な能力はすべて持っているのに、ゾウの世界に絵画が生まれなかったのは、やはり必要がなかったからだと考えられるでしょう。

それでもゾウに絵を描いてもらうことで、ゾウの頭の中を少し覗くことができます。形や色をどう認識しているのでしょう？　気分や機嫌が鼻先の繊細な制御にどう影響するのでしょう？　絵を情報伝達の手段として応用することができるのでしょうか？　こうしたことが、私たちヒトにとって、とてもわかりやすい形で示されるはずです。そして何より、もしゾウがこの絵を描くという行為を、楽しんで積極的にやりたがるようであれば、どんどんやってもらえたらいいなと思います。

コラム④　ゾウの飼育係

動物園で飼育係として働くことを夢見る方は多くいるようで、募集人数を上回る応募があることがほとんどのようです。飼育係の仕事は、とても大変だし、かなりの技術のいる専門職です。まず、担当になった動物のことを、きちんと調べなくてはいけません。そのためには膨大な量の文献調査が必要なうえ、多くの文献が英語で書かれていて翻訳もされていないため、語学の勉強をつづけている方も大勢います。生息地の環境や食性を調べたうえで、日本の環境の中でもその動物が健康に暮らしていけるように、給餌内容を決めたり、環境を整備していかなければいけません。限られた予算とすでにある施設の中で、どれだけ環境を整えることができるかはかなりの難題です。さらに採食行動や繁殖行動、それらに必要な条件も、季節や時間に応じて整えていかなければいけません。

そして、ここからが一番大変で、センスの問われることですが、担当動物の個性を見抜くことが必要です。動物たちにはそれぞれ個性があって、体質や食べ物の好み、寝る場所の好みなど、あげればきりがありません。たとえば、その個体の好みに加えて、その時点での健康状態や体質によって、食べ物の種類を変えたり、調理方法を変えたりするそうです。そのほかに、もっとも重要とも言えるのは、動物どうしの社会関係を正しく把握することです。たとえば、ゾウやチンパンジーのように、群れを形成する動物ですと、それぞれの上下関係や互いの好みなど、微妙な気持ちも汲んだうえで、いざ、人間はどの程度の距離感で接していくべきかを見極めなければなりません。以上のすべてのことは、飼育下という閉じられた不自由な空間でも、動物たちが幸福に生きるために、人間が最低限提供すべき、必要不可欠なものと言えます。

そして、担当動物がゾウの場合、かれらの危険性を十分に理解したうえで、かれらの心と体の健康を管理するために、どのような飼育方法が最適かという議論が、長年つづいています。ゾウの飼育方法には、直接飼育法と間接飼育法の二つがあります。

直接飼育法では、飼育係がゾウの展示場内に入り、直接体に触れたりすることで、より近い距離感でゾウと接していきます。その最大のメリットとしては、飼育頭数が少ないような場合はとくに、ゾウの社会的欲求をある程度満たすことができる点ではないでしょうか。タイやミャンマーなどでは、ゾウとヒトが特別な関係を結ぶことで、ゾウの心が満たされるわけですが、直接飼育法は動物園でもそれを実現しようとする方法と言えます。

たとえば、井の頭動物園で暮らしていたアジアゾウの花子は、特定の飼育係の男性と深い絆を形成したので、飼育されているゾウとしてはたった一頭でしたが、孤独ではなかったと思います。また、花子ほどファンの多いゾウもいなかったでしょう。毎日開園と同時に、大勢の花子ファンがやってきて「はなこ〜」と声をかけていました。その声は、きっと花子にも届いていたはずです。あるとき、よこはま動物園ズーラシアで、来園客のご婦人が「ラスクマル!」とオスゾウの名前を呼ぶと、ラスクマルが近寄ってきて鼻をあげて挨拶していました。「ラスクマルとは、どれくらいでそんなに仲良くなったのですか?」と聞いてみると、「毎週、ズーラシアには遊びにきているのだけど、名前を呼び始めて、四日目くらいから、反応してくれるようになりましたよ」とおっしゃっていました。このように、ゾウは来園客との間でも、絆を形成していくことができるのです。花子もきっと、自分に会いにきてくれる人間との間で、いくつもの絆を築いていたのではないかと思います。

一方で、直接飼育法を確立するための人間およびゾウのそれぞれの訓練や、人間とゾウとの関係性の構築がうまくいかないと、ゾウによる死亡事故につながり、とても危険です。また、近年ではゾウになるべく野生と近い社会を構築させるために、多頭飼いをよしとする施設が増え、ときには一〇頭以上のゾウを飼育している施設が国内外にあります。そういった園では、ゾウの展示場に人は入らずに世話をする間接飼育法が採用される場合が多いようです。間接飼育法では、柵越しにトレーニングを行うことで、ゾウとのコミュニケーションや健康管理を行います。どのような形にしても、ゾウの飼育担当の方は、ゾウを思いやり、愛情をもって接している方が多いように思います。

第 5 章

ゾウと暮らす

こちらのゾウは推定100歳!!
このゾウ使いの男性の祖父の幼少時代から
家族の一員として大切にされてきた。

系統的にもまったく異なり、もちろん見た目もまったく異なるヒトとゾウですが、両種の間には長い関わり合いの歴史があります。そして現在でも私たちとゾウの関係はつづいていると言えます。日本では「動物園にいる飼育動物」という存在に留まりますが、世界に目を向けると、より密接に生活に関わっている国もあります。最後の章ではゾウとヒトがどのように共生してきたのか、またゾウはヒトにとってどのような存在と言えるのか、世界各国の歴史と文化からご紹介します。

一 ゾウと狩猟民族

マンモスとヒト

ゾウを狩猟対象としていたヒトは、いまから約一万八〇〇〇年前ごろからいました。狩猟対象とされていたゾウはケナガマンモスです。当時のヒトはマンモスを狩り、肉を食べ、牙で装飾品をつくり、骨と毛皮で住居を建てて暮らしていました。マンモスなどの大型草食獣を狩猟することがヒトにとっていかに重要だったかということは、フランスのラスコーで見つかった洞窟の壁画などからも見て取れます。壁画には馬やバイソンに次いで多くのマンモスが描かれています。ヒトは石でつくったランプに動物の脂で灯《とも》し、わざわざ足場をつくってまで洞窟の天井や側面いっぱいに動物たちの姿や狩猟の様子などを描いたのです。

この壁画が見つかったことは古生物学的にも大きな進展をもたらしました。それまで、キリスト教など宗教の教えから、ヒトが絶滅動物と同じ時代に生きていたとは考えられていませんでした。しかしマンモスの牙や水牛の角からつくられた装飾品が壁画の描かれた洞窟から見つかり、ほかにも狩猟道具と絶滅動物の骨などが多数同じ箇所で見つかったことから、かれらとヒトが同時期に生息していたことが明確になったのです。また、壁画に描かれるマンモスの多くは牙がありませんでした。そのことから、当時のマンモスには牙がなかったのではないかという説が生まれました。

ドイツのゲナスドルフーで発掘されたマンモスの大腿骨《たい》は九〇センチメートルほどで、推定体高は二・五メートル以下の小型のマンモスでした。このことも後押しとなり、当時のマンモスはすでに食糧難にあり、体高も低く牙も未発達の個体が多かったと考えられたのです。

しかしのちに、同じ発掘サイトから普通の大きさのマンモスや牙も発掘され、やはり当時のケナガマンモスには牙があり、壁画のマンモスに牙が描かれなかったのは芸術的観点ではないかという説もあります。セサミストリートに出てくるキャラクター、マンモスのスナッフィーにも、そういえば牙はありませんね。そのほうがかわいらしいからでしょうか。もっとも、牙が生えてくる以前の若い個体がモチーフだったのかもしれませんが。

マルミミゾウとヒト

現代でもゾウを狩猟対象とするヒトが存在します。アフリカに住むバカ・ピグミーと呼ばれる民族です。かれらについて調査をしている林耕次氏によると、バカ・ピグミーの人々にとってゾウ狩りは、認められた男性のみが有する特権であり、どのようなゾウをどのように狩ったかという記録は、その男性にとって一生涯の誇りとなる特別なものだそうです。狩ったゾウの肉はすべて村のみんなへ分け与えられ、狩った本人は口にしない掟があります。一頭のゾウは村人の胃袋を二週間にわたって満たしてくれます。それはゾウを狩った本人にとっては最高の名誉であり、みんなから尊敬され感謝されるのです。さらに本人へ、トロフィーとしてゾウの尻尾が与えられます。自分が狩ったゾウの尻尾を生涯大切に保管するのです。

男性はそれを見せながら、その尻尾の持ち主との死闘を語り継ぐのだそうです。ただ妻は、その大切なトロフィーを庭を掃くときに箒としてこっそり使ってしまうこともあるのだとか……。男性と女性の間に価値観の相違があるのはどの国でも、同じようですね。

二　ゾウと信仰

インドのゾウ

インドのお祭りでは、ゾウは主役です。丁寧に体を洗い派手な衣装をまとわせ、皮膚にカラフルなボディーペイントを施します。青、緑、ピンク、黄、紫、白。ペイントで花や木、トラなど、ゾウ使いが思い思いの絵を描きます。絵が描かれる数時間もの間、ゾウはじっと忍耐強く待っています。マニキュアをされることもあるようです。

ゾウがお祭りの主役となるのは、神様として崇拝の対象になっているからです。ヒンドゥー教の神様に、ガネーシャという神様がいます。ガネーシャは体は人間のようですが四本の腕を持ち、お腹がポンと出ていて、そして頭部はゾウという、奇妙でいてどこか愛嬌のある姿をしています（図5－1）。日本の神話同様、インドの神話でも多くの神が人知を超えた

図 5-1　ガネーシャ。ゾウは、古くから人々の畏怖と畏敬の念を集め、神あるいはその使いとして崇められてきた。絵：野口忠孝氏

恐ろしい能力を持つことが多いのですが（例：見たものを破壊してしまうシャニ）、ガネーシャは思いやりのある人間的な神のようです。ガネーシャの頭は生命の根源のシンボルとされ、また片方の折れた牙は犠牲を意味します。ガネーシャは除災厄除や財運向上で信仰を集めています。また、ブッダはかつて、一頭の白いゾウだったとされます。その後、母の子宮へ入り、人間の姿となったのです。このように、インドにおいてゾウは信仰の対象とされているのです。

なぜ信仰するのか

なぜゾウは信仰の対象になるのでしょう。それは、ゾウが自然の象徴的存在と言えるから

ではないでしょうか。飛行機から地上を見下ろすと、流れる山々にヒトが暮らす住居がぽつぽつと肩を寄せ合って建っています。そこから見るとヒトの生活は大自然に反発しながらも結局のまれ、ただただ身をまかせているように、心もとなく感じられます。ヒトは大自然を前にすると、なんとも無力な存在です。しかしヒトは集団の力で恐ろしいことを成し遂げてしまいます。海を埋め立て海岸の形を変えてしまい、木々を倒し緑の山を岩肌むき出しの禿《はげ》山《やま》に変えてしまいます。しかし結局、豪雨や台風などあらゆる天災が起こると自然にあらがうことはできません。

ヒトにとってゾウは自然そのものなのではないでしょうか。ヒトとゾウが一対一で対決すると、到底かないっこありません。その気になれば、ゾウにとってヒト一人殺《あや》めることなど、いとも簡単なことです。しかしヒトは、そんなゾウを集団の力で捕え、檻の中で飼育してしまいます。ただし、それが一見成り立つのは、飼育者のゾウに対する類まれな深い愛情と尊敬があるからです。ゾウは強いだけでなく、ヒトの愛情や尊敬といった心を見抜くことができるようです。そして、それらなしでは、いつ牙を向けるかわかりません。そして牙を向けられてしまったら、ヒトはやはりなす術がないのです。ヒトは己の力を超えるものを信仰します。「ヒトはゾウにはかなわない」。そう認めたからこそ、各国で、ゾウは人々の深い信仰の対象となっているのでしょう。

異国の地で暮らすゾウ

ゾウは、その見栄えの良さから、権力の象徴として、古くから各国の権力者たちが収集してきた歴史もあります。先に述べたように、ローマ時代には、戦争にゾウが連れて行かれましたが、ゾウたちはその軍の権力を象徴するものでもあったはずです。ゾウの大群を前に、敵軍の士気はみるみるしぼんでいったのではないでしょうか。

また日本には、江戸時代にもゾウがやって来たという記録があります。八代将軍徳川吉宗が命じ、一七二八年に、ベトナムから七歳のオスと五歳のメスのアジアゾウ計二頭が来日したとされています。うちメスゾウは、「甘い菓子ばかり食べた」ため、三カ月ほどで死んでしまったそうですが、オスゾウは翌一七二九年に、京都にて中御門天皇の上覧があったと記されています。その後、江戸へ移動し、しばらく浜離宮で飼育されたのち、莫大な飼育費用に加え、番人が殺される事故が起こったために、民間に払い下げられました。そして一七三二年から、若くして亡くなる一七四九年まで、中野につくられた幕府直営のゾウ舎で飼育されました。当時、大変に珍しいこのゾウに、大勢の見物人が集まったであろうことは容易に想像できますが、そのゾウは天寿をまっとうすることもなく、孤独で辛い生活だったのではないかと思いやられ、心が痛みます。

ゾウだけでなく、ほかの動物も、また植物でさえも、人間は海を越えて世界中に移動させてきました。それは現在もつづいている、ヒト特有の収集癖や所有欲の表れです。ゾウや自然に対して畏怖の念を抱く一方で、それを制し所有することで自らの欲を満たして権力を誇示しようとする、人間の二面性がよく見えてきます。

三　ゾウと働く

ミャンマーの林業を支えるゾウ

「アジアゾウは家畜だ」と言います。ここで、家畜とはどういう動物を指すのでしょう？日本における家畜といえば、牛や豚や鶏、それに犬や猫が挙げられます。いずれも「人間に都合のいいように品種改良された」動物です。そして日本に見られる牧場ではヨーロッパのもの同様、家畜を囲いの中で育てます。「ゾウが家畜だ」と言われる東南アジアではどうでしょうか？　ミャンマーやスリランカでは、家畜であろう水牛の群れがのんびりと道路を渡

図 5-2 ミャンマーで林業に携わるゾウ。© Alamy/PPS 通信社

り、タイでも少し郊外へ出ればニワトリが囲いのない庭を自由に走り回っています。そしてゾウもそのほとんどが野生ゾウを捕獲し訓練したものを飼っています。日本の家畜が暮らす環境とは、まったく異なります。そして、私たち日本人が、「アジアゾウは家畜だ」と聞いて、ゾウが狭い囲いの中で人間の完全なる制御のもとに一生を送っている様子を思い浮かべたら、それは現実とはほど遠いものとなります。そもそもゾウは、ヒトの都合で品種改良されて生まれた動物ではありません。

ゾウとヒトの関係について、もっとも対等に互いを尊重しているのはミャンマーで働くゾウではないでしょうか。ミャンマーの林業では古くからゾウが欠かせない存在です。ヒトが切り倒した丸太を、ゾウが運ぶのです（図5－2）。倒された木は、ゾウが鼻で持ち上げ、前脚で蹴り飛ばし、川へと運ばれます。すると丸太は川に流され一箇所に流れ着きます。乾季になって川が干上がると、川は一時的に道路になり、そこをトラックが行き来して丸太を運び出すのです。この方法なら道路を建設する費用もかかりませんし、何よりも無駄な開発が必要ありません。

さて、林業に携わるゾウの一日は、ゾウ使いに呼ばれて始まります。それまで思い思いに森の中で夜を過ごしていたゾウたちは、自分の担当であるゾウ使いに名前を呼ばれ、「もう仕事の時間ね」と集まります。ゾウ使いたちは、ときには四時間もかけて、広い森から自分の相棒のゾウを探し出すそうです。

それからゾウは、ゾウ使いと一緒に川へ行き、体を洗ってもらいます。このときゾウ使いは愛情と感謝を込めて丁寧にゾウの体を洗うと同時に、自分のゾウの体調を確認します。健康だと確認されたら、持ち場へと移動していきます。

ゾウはどんなに険しい山道も物ともせずに、ずんずん進みます。急な斜面だってお手の物です。後ろ足を曲げて膝をつき、前脚をふんばって下りていきます。鼻は地面について体重を支えたり、あるいは適当な木に巻きつけてバランスをとります。

持ち場では、ゾウ使いの掛け声に合わせて丸太を持ち上げ、蹴飛ばし、また引き寄せ、狙い通りの場所へと運びます。ときには数頭のゾウで息を合わせて数百キロもある丸太を運びます。「せーの」で丸太を同時に蹴飛ばしたり、持ち上げたりするのです。

ゾウとゾウ使いの息はぴったりです。それもそのはず、かれらの関係はゾウが子供のころから始まり、それは一生涯つづくのです。若いゾウ使いは五歳程度のゾウと訓練を始め、最初は背中に乗り、さまざまな号令を教える訓練から始めます。このときから毎朝ゾウの体を洗い、優しく愛情を伝えてゾウの信頼を得るのです。そうして絆を深め、ゾウが一五歳程度になって力がついてくると、林業の仕事が与えられて、デビューするのです。そしてゾウが五〇歳を過ぎ、体力に衰えが見られると林業の仕事は引退します。このときゾウ使いも六〇歳を過ぎてちょうど定年を迎える年齢です。ただしその後もゾウ使いは自分のゾウの面倒を見つづけ、ゾウが一生を終えるのを見届けるそうです。林業でゾウを使役しているというよりは、相棒としていっしょに働いているという表現のほうが適切でしょう。

タイのゾウ

タイに旅行へ行くと、必ずゾウと何らかの形で出逢うはずです。タイの王は白象を飼い、

図 5-3　タイの白象。© Alamy/PPS 通信社

神聖な存在とされている面もあります（5-3）。動物園でのエレファントショーではゾウが後ろ足で立ち上がってポーズをとり、サッカーをして見事なシュートを披露し、観光客を喜ばせてくれます。タイは国自体がゾウの横顔の形をしており、「Land of Elephant」と称するように、ゾウは国の象徴とされています。

その一方で、タイには悲しい表情を浮かべたゾウも多くいました。観光地などで短い鎖につながれたまま観光客に〝物乞い〟をして日々を過ごすゾウたちです。かつてゾウは客寄せとして重宝されましたが、いまではそうした安定した仕事を得られないゾウ使いとゾウが溢《あふ》れているのです。バンコクなど市内へのゾウ立ち入り禁止もそれに拍車をかけました。また、開発が進むなか、住みかを追われた野生ゾウも保護を目的に次々と捕獲されています。しかし捕獲されたゾウをどうするのか、ということも問題となっています。

以前、バンコク国際空港のカフェで働く男性とゾウの話をしました。「私はゾウの研究をしているの」と言うと彼は「ゾウ⁉　なぜ？　僕はゾウが大嫌いだ。ゾウは危ないし、野蛮だし、みんな迷惑しているんだ。早くバンコクからゾウにはみんな出ていってほしいよ」と言いました。私はゾウを嫌いな人がタイにいるとは思ってもみなかったので、彼の言葉に非常に驚きました。私がタイで過ごした二カ月間にゾウを嫌いだという人に出会ったのは彼一人でしたから、ゾウを嫌う感情はまだマイノリティだと思いますが、それでもそういう意見もあるという事実があります。タイにおけるゾウの立場は、今後どうなっていくのでしょうか。

四　ヒトとの対立

害獣となったゾウ

ゾウはヒトにとって欠かせない食糧であり、誇りの象徴であり、神であり、相棒であることをご紹介しました。しかしそんなゾウが「害獣」と恐れられ、嫌われている地域もあることを、お話ししなければなりません。それはスリランカです。野生ゾウの調査の帰り、ジャングルの中を四駆の自動車で走っていると、血相を変えた村人が「お願い！　乗せて！」と走り寄ってきました。通訳の人の話によると、近くで暴れん坊とされている大きなオスゾウを見たのだとか。

スリランカで農業を営む人々は、しばしば畑をゾウに荒らされるという被害を受けます。そのため、銃や爆竹などを持って畑をゾウから守るそうです。結果、村人がゾウに殺されてしまったり、村人がゾウを殺めてしまったりという問題が多く生じています。ゾウが、自分の仲間を殺したヒトが住む村を意図的に襲って壊滅させてしまったという報告もあります。記憶力がよく、また仲間への情が深いため、そのようなことが起きてしまうのでしょう。

飼育ゾウによる〝事故〟

インドのお祭りでゾウが暴れ、死傷者が出たというニュースがありました。いつもはおとなしくゾウ使いの言うことをよく聞いているゾウでも、突然暴れ出すことがあるのです。それはヨーロッパやアメリカ、そして日本など、動物園でゾウを飼育している国でもしばしば問題になることです。ゾウが暴れて飼育担当者にケガさせてしまったり、あるいは悲しいことに担当者が亡くなってしまうという事故が、世界中で数多く発生しています。

アメリカで、「〝キレる〟ゾウは過去にヒトに絡んだトラウマを抱えている」という調査結果が発表されました。幼いころに野生で捕えられたり、目の前で密猟者に母が殺されるのを見た経験があるゾウが〝キレ〟て、飼育下で死亡事故を起こす事例が多いというものです。また、サーカスから動物園に引き取られたり、動物園間で何度も移動させられた経験を持つゾウは、ストレス行動が増えて繁殖もしにくくなり、いわゆるうつ状態に陥りやすくなるそうです。その結果、やはり事故を起こしてしまうこともあるそうです。いずれの場合も、記憶力がよく、また社会性が高いというゾウの特徴から引き起こされるものだと考えられます。ゾウが暴れるのには、必ず理由があるのです。また、ゾウの遺伝子多型から、神経症の傾向などを把握できるという京都大学らのチームによる研究報告もあり、今後、事前にそのゾウの気質なども考慮に入れて、飼育態勢の強化やゾウどうしの相性の良し悪しなどの判断に使えるようになるかもしれません。

ゾウは繊細な動物ですから、ヒト同様、精神面のケアが不可欠な動物と言えるでしょう。動物園でゾウを飼育することは、絶滅危惧種であるかれらの保全の観点からもとても重要ですが、最適な飼育環境はどのようなものかについては、今後も多方面から議論されるべき課題とされています。そしてそれは、ゾウだけでなく、あらゆる動物について言えることかもしれません。

ゾウとヒトの共生の道

これまでに、ヒトとゾウの関係について、さまざまな事例を紹介してきました。それらをまとめて、ここに私の個人的な見解を述べたいと思います。私利私欲のために振る舞う人間が、それを集団で行ってしまうと、地球環境はどんどん破滅していき、最後には人間が暮らすことのできない世界になってしまうでしょう。いま、人間は、自らがつくり出した技術によって、自らも制御できないほどの大きな社会をつくり上げてしまいました。二〇二〇年に引き起こされた新型コロナウイルスの世界的パンデミックや、年々増加して世界中で人々を苦しめるうつ病症例数も、その結果引き起こされたものと言えます。現在、人類は、自らが生み出した淘汰圧によって、自らの存続が危ぶまれている状態です。既存の生態系を保護する方法を考えて、それに従って行動し、また素直に〝心地よい〟と感じられる環境を守ることは、同時に、自らにかかっている淘汰圧を軽減させることを意味すると言えるかもしれません。そして、それがうまくいっているか、そのひとつのわかりやすい指標として、ゾウを見るのはどうでしょうか。ゾウが健全に暮らせる地球は、人間も健全に暮らせる地球なのですから。

コラム⑤ ゾウを絶滅から救おう！「アフリカゾウの涙」の活動

現在、アフリカゾウもアジアゾウもレッドリストに掲載されています。レッドリストとは絶滅のおそれのある野生生物の種のリストです。国際的には国際自然保護連合（IUCN）が作成しています。レッドリストでは、それぞれの種を、絶滅の危機の度合いに応じて、ランクづけしています。ランクは、「絶滅」、「野生絶滅」（飼育・栽培下あるいは自然分布域の明らかに外側で野生化した状態でのみ存続している種）、「絶滅危惧Ⅰ類」（絶滅の危機に瀕《ひん》している種）、「絶滅危惧ⅠA類」（ごく近い将来における野生での絶滅の危険性がきわめて高いもの）、「絶滅危惧ⅠB類」（ⅠA類ほどではないが、近い将来における野生での絶滅の危険性が高いもの）、「絶滅危惧Ⅱ類」（絶滅の危険が増大している種)、「準絶滅危惧」(現時点での絶滅危険度は小さいが、生息条件の変化によっては「絶滅危惧」に移行する可能性のある種)となります。この中でアフリカゾウは絶滅危惧種Ⅱ類、アジアゾウは絶滅危惧種ⅠB類に指定されています。このままでは近い将来、野生のゾウは死に絶え、各国の動物園で飼育されているゾウしか、地球にはいなくなってしまうかもしれません。繁殖に時間がかかるうえ、繁殖条件も厳しいゾウを、飼育下で生息数を維持しつづけることは困難です。やはり、野生環境を維持することが求められます。

生息地を奪い、密猟して、ゾウを絶滅に追いやろうとしているのは、人間です。とはいえ、遠く日本に暮らす私たちには関係のない話だ、と思う方もいるかもしれません。しかし残念ながら、そうではありません。かつてより、世界中の人々が、象牙を〝些細《ささい》なもの〟のために使用してきました。象牙でつくられたピアノの鍵盤は、触り心地がよく、なんともいえぬ美しさを醸し出し、多くの人を魅了しました。ビクトリア朝時代には、ビリヤードの球が象牙でつくられましたが、一セットの球をつくるのに、二頭のオスゾウが殺されました。本当には必要でないものに価値を見いだし、それが、ゾウの尊い命の犠牲からつくり出されたものだということに、目を向けなかったのです。

徐々にそれらのものは、プラスチックなどの代替材料へと置き換わってきましたが、いまだに象牙を使いつづけている国があります。それは、日本です。最近では時折ニュースになり、耳にする機会も増えてきたと思いますが、日本は、象牙取引に参する主要国です。世界中から大バッシングを受けています。いくら日本が合法に象牙の取引をしていると主張しても、密猟者から供給された象牙も含まれてしまうのです。なぜならば、販売するにあたって登録が必要な象牙は一本牙のみで、カットされた象牙は登録対象外のため、密猟品も含まれてしまうそうです。こうして日本では、一九九五年以降におよそ一万四〇〇〇本の象牙が登録され、そのうち八〇パーセントがハンコとして消費されました。そのほかには、三味線のバチなどにも使用されます。つまり結果的に、密猟を引き起こしているのは、私たち日本の消費者と言えます。その密猟こそが、野生ゾウの生息数を脅かす最たる要因になっています。

先にも述べましたが、バチは一本の牙からひとつしかつくれないそうです。小さなバチをたった二本つくるために、立派な牙を持つアフリカゾウのオスが一頭、殺されてしまうのです。たしかに、日本の伝統楽器の奏でる音楽は素晴らしく、後世にも伝えていくべき芸術です。私自身、母が自宅で琴教室を開いていたこともあり、幼いころより慣れ親しんできました。しかし、人間の音楽や文化や伝統に含まれるこだわりのために、あの美しい巨体を殺戮《さつりく》しつくしてよいのでしょうか？　人間は、新たな代替品を発明して、よりよいものをつくりつづけてきました。いずれにせよ、ゾウが絶滅したら、象牙製品は手に入らなくなるのです。それならば、ゾウを絶滅に追いやる前のいまこそ、象牙を使わなくともそれ以外の材料を使って、同等またはそれ以上の質の製品をつくり出し、それを選ぶ時期にきているのかもしれません。そうすることが、素晴らしい伝統を守りつづけることにもつながるはずです。

二〇一六年には、南アフリカで開かれたワシントン条約締約国会議において、全会一致で象牙の販売禁止が採択されました。そして二〇一八年、象牙使用の歴史がもっとも古い中国も取引を禁止しました。日本は、どうするのでしょう？

ここで、二人の日本人女性によって始まった特定非営利活動法人「アフリカゾウの涙」の活動をご紹介したいと思います。「アフリカゾウの涙」は、南アフリカで育った山脇愛理さんとアフリカの国立公園で獣医師として働く滝田明日香さんによって、二〇一二年に立ち上げられました。「アフリカゾウの涙」は、現地ケニアにおける活動と日本における活動を繰り広げています。ケニアでは、密猟探知犬の養成および提供をしているほか、滝田明日香さんは自らパイロットの資格を取って飛行機でパトロールをしながら密猟の現場をおさえたり、ゾウの群れが村民の畑にたどり着く前に見つけてそれを回避するなどの活動を行っています。さらに、密猟者を取り締まるだけでなく、現地で暮らす二人だからこそ、より持続可能で現実的な保護活動が行われています。それが、「ニャクエリの森共存プロジェクト」です。

地元でとうもろこし農家を営む人々にとって、ゾウは畑を荒らす害獣です。彼らは生活を守るためにゾウを駆除しようとします。それを止めるために、このプロジェクトでは、とうもろこし農家に、養蜂箱を貸し出し、養蜂技術を伝えています。畑で養蜂を行うことで、ゾウが嫌うハチの力を借りて、ゾウが畑に近づかないようにすると同時に、いずれは人々がはちみつから安定した収入を得られるようにサポートします。養蜂家にとって、森林はハチたちが採集を行う重要な場所ですので、森林保護にも理解と協力が得られるというしくみです。さらに、村民たちと、原生林の中に生えている生存率の低い木の苗を育て、それを町で売って現金収入を得るほか、植林活動もしています。

「アフリカゾウの涙」は、日本国内でも、ゾウとサイのおかれた現状を知らせ、保全を呼びかけるために、イベントを開催するなど、精力的に活動しています。日本国内で

「アフリカゾウの涙」の活動を行っている元井摩弓さんからお話を伺いました。

私は旅行でケニア、ナイロビのゾウの孤児院を訪問して、里親になったりしました。孤児院には、密猟で母親を失ってしまった子ゾウが保護されています。帰国しても、その子ゾウたちの姿が忘れられなくて、現場で密猟を阻止することはできなくても、日本に居て、何の取り柄もない私でもできることはあるだろうかと考えていました。そんな時期に、立ち上がったばかりの「アフリカゾウの涙」に出会いました。人間のように母親や家族とのつながりを大切にする慈しみ深いゾウ。密猟で殺されてしまった母親ゾウは、子の成長を見届けられなかったことは、さぞかし無念だったろうと、同じ母親として痛感します。その母親の無念さ、当たり前であろう母親の愛情を知らずに子ゾウが育つ残酷さを思うと、それだけで涙が本当に止まりません。ネットで見る残酷な映像からは目をそらしたくなってしまいますが、でも、知ったならば、何か小さなことからでもアクションを起こしてもらいたい一心で、「アフリカゾウの涙」の活動に参加しています。

人間の自分勝手で些細な欲求を満たすために犠牲になっている野生動物は、ほかにもたくさんいます。動物だけでなく、植物やそのほかさまざまな資源もそうでしょう。すべての生物は、それぞれが、生態系の中で重要な役割を担っています。生物どうしは、互いに依存しあって生きています。たった一種の生物でも、いなくなると、その絶滅の連鎖は、必ず広がっていきます。「たかが一種の生物が絶滅したところで、われわれ人間に関わりのないことだ」などと言う人がいますが、とんでもありません。たった一種の絶滅から、私たち人間も組み込まれている生態系が、すっかり崩れ落ちていくことは、十分にあり得ることなのです。もしも過去に起きた大量絶滅のように、劇的な環境変化によって絶滅が始まったのならば、ちっぽけな私たち人間にはなす術もないのかもしれません。しかし、その絶滅の原因が人間にあるならば、できることがあるはずです。自分がするべきことは、何なのでしょうか？　自分には、何ができるのでしょうか？　それぞれの人の立場から、考えてみてはどうでしょうか？　私も、一人の人間として、考えていきたいと思います。

●参考文献一覧

Campos-Arceiz, A. & Blake, S. Megagardeners of the forest-the role of elephants in seed dispersal, *Acta Oecologica*, **37**, 542-537 (2011).

Benoit, J. et al. Brain evolution in proboscidea (Mamalia, Afrotheria) across the Cenozoic. *Scientific reports*, **9**, 9323 (2019).

Irie, N. et al. Unique numerical competence of Asian elephants on the relative numerosity judgment task, *Journal of Ethology*, **37**, 111-115 (2019).

Irie, N. & Hasegawa, T. Summation by Asian elephants (*Elephas maximus*), *Behavioral Sciences*, **2**(**2**), 50-56 (2012).

Irie-Sugimoto, N. et al. Evidence of means-end behavior in Asian elephants (*Elephas maximus*), *Animal Cognition*, **11**(2), 359-365 (2008).

Irie-Sugimoto, N. et al. Relative quantity judgment by Asian elephants (*Elephas maximus*), *Animal cognition*, **12**(**1**), 193-199 (2009).

Mizuno, K. et al. Asian elephants acquire food by blowing, *Animal cognition*, **19**, 215-222 (2016).

McComb, K. et al. Unusually extensive networks of vocal recognition in African elephants, *Animal Behaviour*, **59**(**6**), 1103-1109 (2000).

Plotnik, J. M. et al. Self-recognition in an Asian elephant, *PNAS*, **103**(**45**) 17053-17057 (2006).

Plotnik, J. M. et al. Elephants know when they need a helping trunk in a cooperative task, *PNAS*, **108**(**12**) 5116-5121 (2011).

Plotnik, J. M. et al. Elephants have a nose for quantity, *PNAS*, **116**(**25**) 12566-12571 (2019).

●参考図書一覧

Sukumar, R. *The Living Elephants Evolutionary ecology, behavior, and conservation*, Oxford (2003).

スティーヴ・ブルーム『ゾウ！』（今泉吉晴 訳）ランダムハウス講談社（２００７）

新村洋子『象と生きる』ポプラ社（２００６）

本書の内容に関連して、もっとくわしいことが知りたい人は、以下の図書をお勧めします。

†第1章の内容（とくにゾウの生理学や、人とゾウの関わりについて）

田谷一善編著『ゾウの知恵—陸上最大の動物の魅力にせまる』SPP出版（2017）

†第2章の内容（ゾウおよびその他の動物の低周波音コミュニケーションについて）

土肥哲也編著『低周波音—低い音の知られざる世界』（音響サイエンスシリーズ16）コロナ社（2017）

おわりに

私がゾウの研究を始めたのは大学三年生の終わりごろからで、卒論研究がきっかけでした。動物心理学を学んでいた私は、まだ誰も研究対象としていない動物で研究できたらと思い、ゾウに出逢いました。ゾウの認知についての論文は、当時は、先にも紹介した一九五七年に発表されたレンシュによる研究ただひとつしかありませんでした。脳の大きさや社会性など、ゾウについて断片的に書かれている文献を読み漁り、調べれば調べるほど、まだヒトの知らない大きな可能性がゾウには秘められているのだと確信して、わくわくしたのを覚えています。

研究の申し込みとご挨拶をしに、上野動物園に行ったときに、私は初めて〝生のゾウ〟を体感しました。ゾウ舎を案内されたとき、飼育通路を通る私の足元に、ウタイが鼻をのばしてきて「くんくんくん……ブフォー……」と、鼻息を吹きかけました。当時、ウタイはまだ五歳の子ゾウでしたが、数メートルという至近距離からゾウを見たのはそのときが初めてで、しかも、鼻息をかけられたことなんて当然なかった私は、ゾウのとてつもなく大きなスケールに、ただただ圧倒されました。そして、ウタイの生温かい鼻息に包まれた瞬間、すっかり恋に落ちてしまいました。気合を入れて履いたおろしたてのピンクのローファーが、ウタイの鼻水でびちゃびちゃになろうと、一向に構いませんでした。心の中で「ウタイちゃん、これからよろしくね！」と何度も言いました。そんなどきどきの出会いから始まった卒論研究は、上野動物園の皆様のご協力のもと、無事に終えることができました。

そのまま大学院に進んだ私は「ゾウを研究するならば、やっぱりタイだ！」という単純な考えからタイへ渡り、数カ月間を、スリンという村でゾウと過ごしました。いま思えば、当時の若かった私は、無鉄砲で怖いもの知らずでした。タイ語も「アローイ（おいしい）」くらいしか知らず、まあ笑顔があればなんとかなるかなと、乗り込んだのです。でも、タイの方々は、どなたも本当に優しくて、親切にしてくださいました。衣食住すべてを用意してくださり（着いたその日に、大きなスーパーに連れて行ってくれて、とってもかわいいパジャマまで買ってくれたのです！）、どこの馬の骨ともわからぬ私を、温かく受け入れてくださいました。そんなタイでの生活は、朝四時半に起きて市場へ向かい、リュックに詰め込めるだけのバナナを買ったら、友だちになったゾウ使いの方のバイクに乗せてもらって街中ゾウを探して走り回りました。ゾウを見つけたら、そのゾウの持ち主の方に、タイ語辞書を片手に満面の笑みを浮かべて実験の交渉をしたのですが、ゾウ使いの友だちがちゃんと説明を加えてくれて、大概は「おかしな日本人だなぁ」と笑いながらも快く受けてもらえました。実験が終わると「コップンカー（ありがとう）」と言って次のゾウへ……。これを毎日繰り返しました。

タイで出逢った数十頭のゾウはみんな、顔も性格も違いました。私を見ると「えいっ」と鼻を振ってからかってくるゾウもいれば（第1章扉写真）、「なでて～」と巨体を摺《す》り寄せて甘えてくるかわいいゾウもいました。最後の一週間はゾウ使いの友だちや大学の関係者の方と一緒に、タイ国内のゾウスポットを巡りました。推定年齢一〇〇歳を超える優しいおじいさんゾウと出逢い（第5章扉写真）、またカンボジア国境付近で地雷を踏んで肢を失ってしまった悲しいゾウとも出逢いました。かれらとの出逢いはすべて宝物です。いまでも一頭一頭の表情が鮮明に思い出されます。

タイから帰国した私は、すっかり容姿が変わっていました。こんがりと日焼けをして、辛い物が苦手で果物ばかり食べまくった結果太ってしまったために、日本から持ち込んだ衣服が入らなくなって現地調達の衣装を身にまとっていたうえ、さらには笑顔のイエスマンになっていた私は、いつの間にかアフロのようなパーマをかけられていたものですから、空港に迎えにきてくれた両親に私と気づかれず、完全に素通りされたほどでした。

ゾウの研究を始めるまでは、私は自分よりも小さな生き物しか知りませんでした。もちろん動物園でゾウを見たことはありましたが、自分の生活の中には、自分よりも小さな生き物しかいなかったのです。犬や金魚やカメや鳥、ネコという具合に、一般的なペットはみな身の回りにいましたが、抱きかかえたり、またどんなに大きな大型犬でも前肢を持ち上げたりできるので、自分の力が相手に通用していると実感することができました。でも、ゾウは違いました。ほんの鼻先ですら、どんなに力を込めてもびくともしませんでした。それなのに、仲良くなると、ゾウは私を壊さないように、優しく触れてくれるようになるのです。

それまで私は人間であることに絶対的な自信のようなものを、無意識のうちに持っていました。しかし、人間はとてもかよわくて、自然の摂理にあらがうことのできないちっぽけな一員にすぎないのだということに、ゾウが気づかせてくれたのです。ゾウとの出会いは、私の視野を大きく広げてくれました。

最後に、これまでたくさんの研究を支えてくださった横島雅一氏、忙しい中、研究に協力してくださった乙津和歌氏はじめ、上野動物園、市原ぞうの国、大阪市立天王寺動物園、京都市動物園、広島市安佐動物園、よこはま動物園ズーラシア、各園のみなさま、タイのゾウ使いのみなさまおよびそのご家族、そして研究を長年ご指導くださった長谷川壽一先生に、心より感謝申し上げます。また、研究生活を支えてくれた家族にも感謝致します。そして、研究に嫌な顔ひとつせずに付き合ってくれたたくさんのゾウたちにも、愛と感謝をこめて、かれらの幸せを心からお祈りしています。

入江　尚子

二〇二一年九月

入江　尚子（いりえ・なおこ）

大阪府生まれ。幼いころより動物に囲まれて暮らす。2001年、東京大学に進学し、動物行動学を学ぶ。2010年、アジアゾウの足し算能力の研究で、同大学博士号（学術）取得。現在、駒澤大学および立教大学兼任講師。犬やインコ、カメなどたくさんの生き物に囲まれながら、長女の育児に奮闘中。
著書に『ゾウと　ともだちになった　きっちゃん』（絵・あべ弘士、福音館書店）がある。

DOJIN選書　092
ゾウが教《おし》えてくれたこと　ゾウオロジーのすすめ

第1版　第1刷　2021年12月25日

検印廃止

著　　者　入江尚子
発 行 者　曽根良介
発 行 所　株式会社化学同人
600-8074　京都市下京区仏光寺通柳馬場西入ル
編集部　TEL：075-352-3711　FAX：075-352-0371
営業部　TEL：075-352-3373　FAX：075-351-8301
振替　01010-7-5702
https://www.kagakudojin.co.jp　webmaster@kagakudojin.co.jp
装　　幀　BAUMDORF・木村由久
印刷・製本　創栄図書印刷株式会社

ISBN978-4-7598-1690-7

海洋プラスチックごみ問題の真実
――マイクロプラスチックの実態と未来予測
磯辺篤彦

汚染の実態からマイクロプラスチックの影響まで、科学的な根拠に基づき解説。海洋プラスチックごみ研究の第一人者が新たな環境問題への挑戦を真摯に語る。

400年生きるサメ、4万年生きる植物
――生物の寿命はどのように決まるのか
大島靖美

動物から植物まで、生物の寿命をめぐって展開されている研究を幅広く紹介。健康寿命が重視される現代だからこそ、知っておきたい寿命の話。

〈新型コロナウイルス対応改訂版〉パンデミックを阻止せよ！
――感染症を封じ込めるための10のケーススタディ
浦島充佳

スペイン風邪など、感染症アウトブレイクの実事例を読み解いて見えてきた、封じ込めのための七つのステップ。新型コロナウイルス感染症の内容を加え緊急改訂！

食品添加物はなぜ嫌われるのか
――食品情報を「正しく」読み解くリテラシー
畝山智香子

超加工食品や新しい北欧食をはじめ、近年話題になった食品をめぐるさまざまな問題を取り上げ、情報を判断するためのポイントをわかりやすく解説する。

40℃超えの日本列島でヒトは生きていけるのか
――体温の科学から学ぶ猛暑のサバイバル術
永島計

体温の決まり方、温度の感じ方、ヒト以外の動物の暑さ対策、熱中症が発症する理由、運動と体温の関係など、広範な話題から解き明かす体温調節のしくみ。

DOJIN選書・好評既刊

アリ！　なんであんたはそうなのか
——フェロモンで読み解くアリの生き方

尾崎まみこ

時にアリと会話し、時にアリ目線の自然に身を置き、脱線を繰り返しながら読み解く、アリの生き方。前代未聞のアリの本、誕生。

音楽療法はどれだけ有効か
——科学的根拠を検証する

佐藤正之

認知症や失語症、パーキンソン病など、さまざまな疾患への活用が期待される音楽療法。その効果と限界をエビデンスから見きわめる。

ドローンが拓く未来の空
——飛行のしくみを知り安全に利用する

鈴木真二

空の産業革命を拓くと期待されているドローン。この魅力的な機械を安全に使いこなすために、知っておくべきことは何か。ドローンが飛び交う未来の空への展望。

宇宙災害
——太陽と共に生きるということ

片岡龍峰

人工衛星の墜落、『明月記』に残された赤気の記録、さらには大量絶滅と天の川銀河の関係まで。最悪の宇宙環境を探る、時空を超えた旅へ。

植物たちの静かな戦い
——化学物質があやつる生存競争

藤井義晴

植物がつくり出す化学物質によって、周りの植物の生育を妨げたり、促進したりする現象、アレロパシー。その驚きの効果から、動けない植物の生存戦略を探る。

DOJIN選書・好評既刊

柔らかヒューマノイド
――ロボットが知能の謎を解き明かす

細田　耕

ヒューマノイドによるドア開け、二足歩行、跳躍などから、身体の柔らかさと知能の関係を考察。仮説を立てては検証を繰り返すロボット研究の醍醐味を伝える。

気候を人工的に操作する
――地球温暖化に挑むジオエンジニアリング

水谷　広

小惑星を砕いて宇宙にばらまく、火山を人工的に噴火させる、二酸化炭素を集める人工樹を植える……奇抜なアイデア目白押しのジオエンジニアリングの可能性と限界。

サイバーリスクの脅威に備える
――私たちに求められるセキュリティ三原則

松浦幹太

サイバー空間の安全と安心をいかに確保するか。加速するサイバー攻撃に、専門家と一般ユーザが協働して対抗する「防御者革命」というコンセプトから考える。

消えゆく熱帯雨林の野生動物
――絶滅危惧動物の知られざる生態と保全への道

松林尚志

動物園の人気者、オランウータンや、密漁の絶えない、野生ウシ・バンテンなど、絶滅危惧動物の知られざる生態をいきいきと描き、そのゆくえを考える。

消えるオス
――昆虫の性をあやつる微生物の戦略

陰山大輔

役立たずのオスの抹殺、オスからメスへの性転換、交尾なしで子どもを産ませる……。昆虫の細胞に共生している細菌「ボルバキア」は、なぜ宿主の性を操作するのか。